Carl Hammarberg

Studien über Klinik und Pathologie der Idiotie

nebst Untersuchungen über die normale Anatomie der Hirnrinde

Carl Hammarberg

Studien über Klinik und Pathologie der Idiotie

nebst Untersuchungen über die normale Anatomie der Hirnrinde

ISBN/EAN: 9783743371590

Hergestellt in Europa, USA, Kanada, Australien, Japan

Cover: Foto ©berggeist007 / pixelio.de

Manufactured and distributed by brebook publishing software (www.brebook.com)

Carl Hammarberg

Studien über Klinik und Pathologie der Idiotie

STUDIEN
ÜBER
KLINIK UND PATHOLOGIE DER IDIOTIE
NEBST UNTERSUCHUNGEN ÜBER
DIE NORMALE ANATOMIE DER HIRNRINDE

VON

Dr. CARL HAMMARBERG

MIT SIEBEN TAFELN

NACH DEM TODE DES VERFASSERS
AUS DEM SCHWEDISCHEN ÜBERSETZT VON
WALTER BERGER

UND HERAUSGEGEBEN VON
Prof. Dr. S. E. HENSCHEN

(Mitgetheilt der Kongl. Gesellschaft der Wissenschaften zu Upsala am 10 März 1894)

UPSALA 1895
DRUCK DER AKADEMISCHEN BUCHDRUCKEREI
EDV. BERLING

CARL HAMMARBERG,

† 1. Nov. 1893.

In voller Kraft jugendlicher Gesundheit, erfüllt von Thätigkeitslust und Hingabe für die wissenschaftliche Forschung, hatte der Verfasser der vorliegenden Arbeit eben seine medicinischen Studien abgeschlossen, war zum Docenten an der Universität Upsala berufen und trat als Arzt in das Leben hinaus, als er, kurz nachdem er am Jubelfest der Universität Upsala zum Doctor medicinae promovirt worden war, plötzlich einer Laufbahn entrissen wurde, die sich so hell zu gestalten schien, bejahrten Eltern, deren Freude und Stütze er war, Genossen, Lehrern und Freunden, die so innig mit ihm verbunden waren.

- Die kurze Geschichte seines Lebens erzählt, wie ein Jüngling aus dürftigen häuslichen Verhältnissen heraus sich vorwärts kämpft in der Welt, wie er in der Schule durch Begabung und Fleiss die Gunst und Unterstützung seiner Lehrer gewinnt, wie er dann an der Akademie durch ernste Arbeit, unbezwingbaren Fleiss und seltene Hingabe für wissenschaftliche Forschung schon frühe die Aufmerksamkeit seiner Lehrer auf sich zog und wie er — als er die Zukunft sich lichter gestalten sah, als er eben die ersten Früchte seiner Mühsale schmeckte und zu hoffen begann, einmal die Last der ökonomischen Sorgen abschütteln und sich dem widmen zu können, was er am höchsten schätzte, der wissenschaftlichen Forschung — schonungslos vom Tode dahingerafft wird, mitten in Kampf und Arbeit.

CARL HAMMARBERG wurde im Jahre 1865 in Vestervik (Schweden) geboren, besuchte die Schule daselbst und in Visby, studirte Medicin, hauptsächlich an der Universität Upsala in den Jahren 1884—1892, nahm einige Zeit an der Ordnung des neu gebildeten Museums der psychiatrischen Klinik Theil, arbeitete an der medicinischen Klinik vom Jahre 1889 an bis zu seinem Tode, legte das medicinische Licentiatenexamen im Herbst 1892 ab, wurde im Mai 1893 Docent, war im Sommer 1893 Brunnenarzt in Ronneby, wurde am 6. September desselben Jahres zum

Doctor medicinae promovirt und starb im akademischen Krankenhause zu Upsala als Assistent daselbst am 1. November 1893, 28 Jahre alt. Die Todesursache war Perforation des Processus vermiformis und Septikämie.

Ausser der vorliegenden Abhandlung arbeitete er im Laboratorium der medicinischen Klinik eine Abhandlung aus über »Sklerose und Atrophie des Kleinhirns» (Nord. med. Arkiv 1890).

Wenige Tage vor seinem Tode war es, als mein vor der Zeit heimgegangener junger Freund und mehrjähriger Assistent mir seinen Wunsch anvertraute, seine vorliegende Arbeit, die in meinem klinischen Laboratorium ausgearbeitet wurde, durch Uebersetzung aus dem Schwedischen in eine der grossen Kultursprachen im Auslande bekannt zu machen. Da ich nun diesen meinen Auftrag erfüllt habe, statte ich allen Denen, die die Herausgabe dieser Arbeit unterstützt haben, nämlich der *Königl. Societät der Wissenschaften in Upsala*, der *medicinischen Fakultät* daselbst, sowie der *Frau Louise Wendel* auf Wendelberg (bei Göteborg) warmen Dank ab für das Denkmal, das sie dem Heimgegangenen errichtet haben.

Herrn *Walter Berger* in Leipzig, der mit Sorgfalt und Sachkenntniss die Uebersetzung der Arbeit ausgeführt hat, sowie die Herren *W. Schlachter* und *G. Tholander*, denen das Verdienst der schönen lithographischen Ausführung der Tafeln gebührt, bitte ich ebenfalls, meinen aufrichtigen Dank zu nehmen.

Upsala, medicinische Klinik der Universität,
am 15 April 1895.

S. E. HENSCHEN.

Es ist mir eine liebe Pflicht, hier meinen ehrfurchtsvollen Dank auszudrücken für die freigebige Anweisung aus dem Regnell'schen Fond, die mir die Medicinische Fakultät zur Herausgabe dieser Arbeit zur Verfügung gestellt hat.

Ebenso statte ich meinen warmen und ehrerbietigen Dank meinem Lehrer und Chef, Herrn Professor, Ritter und Dr. med. S. E. HENSCHEN ab, der mir nicht blos sein Laboratorium bereitwillig zur Verfügung gestellt, sondern mir auch Material für die Untersuchung überlassen und meine Arbeit ökonomisch unterstützt hat.

Auch Herrn Professor und Comthur Dr. med. N. G. KJELLBERG statte ich meinen ehrfurchtsvollen Dank für Material und ökonomische Unterstützung ab.

Für Material habe ich weiter zu danken Herrn Prof. und Comthur Dr. med. et phil. P. HEDENIUS, Herrn Prof. Dr. med. M. G. RETZIUS, Herrn Prof., Ritter und Dr. med. K. O. MEDIN, Herrn Prof. Dr. med. J. WÄRN, Herrn Präfekt der histologischen Institution am Karolinischen Institut E. MÜLLER, der mir bereitwillig sein Laboratorium und ein reichliches Material zur Verfügung gestellt hat, Herrn Regimentsarzt und Ritter Dr. med. C. J. A. GÖRANSSON, Arzt am Eugeniaheim, Herrn Laborator Dr. med. C. SUNDBERG, Herrn Distriktsarzt Lic. med. C. T. SCHOLANDER, Herrn Laborator f. Pathologie Lic. med. U. QUENSEL, Herrn Laborator Lic. med. A. WESTBERG.

C. HAMMARBERG.

Mit Studien über die pathologischen Veränderungen bei Formen der Idiotie beschäftigt, wurde ich auf das Studium der normalen Hirnrinde geführt, über deren Bau sich sowohl unvollständige, als auch widersprechende Ansichten in der Literatur vorfinden. Da nun eine Beschreibung der pathologischen Veränderungen eines Organs mit Nothwendigkeit eine genaue Kenntniss des normalen Baues dieses Organs voraussetzt, so habe ich es für nöthig gehalten, ein genaues Studium der normalen Hirnrinde vorzunehmen und dem Bericht über die Untersuchungen über die pathologische Anatomie der Idiotie eine Darstellung der Resultate vorauszuschicken, zu denen mich dieses Studium geführt hat.

Da ich ausser den gewöhnlichen, von den Neurologen zu Studien auf diesem Gebiete allgemein angewendeten Methoden auch eine von mir ausgearbeitete Methode, die Zahl der Nervenzellen in $[0{,}1 \text{ mm}]^{3}$ [1]) Hirnsubstanz exakt zu bestimmen, angewendet habe, so glaube ich, hier einen ausführlichen Bericht über dieselbe geben zu müssen.

Die vorliegende Abhandlung zerfällt demnach in drei Abtheilungen:
I. Bericht über die von mir angewendeten Methoden.
II. Darstellung der Anordnung, Menge, Grösse und Struktur der Zellen in den verschiedenen Schichten der normalen Hirnrinde.
III. Beiträge zur Klinik und Pathologie der Idiotie.

1) Auf diese Weise beziehne ich im Folgenden das Volumen eines Cubus, dessen Seite 0,1 mm ist. Analog wird die Fläche eines Quadrats, dessen Seite 0,1 mm ist, mit $[0{,}1 \text{ mm}]^{2}$ bezeichnet.

I.

Da die Methode, über die im Folgenden berichtet werden soll, erfordert, dass das Rindengebiet, dessen Zellenanzahl bestimmt werden soll, in eine Serie gleich dicker Schnitte zerlegt wird, musste bei den vorbereitenden Präparirungsmethoden die grösste Sorgfalt beobachtet werden.

Zuerst muss eine solche *Härtungsflüssigkeit* gewählt werden, die keinerlei Veränderung hervorruft, weder in der Rinde in ihrer Gesammtheit, noch in der Lage der in derselben befindlichen Elemente und ihrem Verhalten zu einander; oder, wenn eine derartige Veränderung nicht umgangen werden kann, muss eine Flüssigkeit gewählt werden, bei deren Anwendung diese Veränderung theils so gering wie möglich ist, theils für Rinde von einem gewissen Bau bei verschiedenen Gehirnen constant bleibt.

Um zu bestimmen, welche von unsern gewöhnlichen Härtungsflüssigkeiten die genannten Forderungen am besten erfüllt, wurden folgende *Versuchsserien* angestellt.

Von einem möglichst frischen Gehirne wurden aus den Windungen kleine Stücke ausgeschnitten, deren Volumen durch Messen der von ihnen verdrängten Flüssigkeitsmenge bestimmt wurde [1]. Es wurde sowohl die Länge und Breite der ganzen Stücke, als auch speciell die Dicke der Rinde gemessen. Derartige genau gemessene Stücke wurden verschieden lange Zeit in die verschiedenen Härtungsflüssigkeiten gelegt, wonach das Volumen und die Dimensionen von Neuem gemessen wurden.

Dabei fand sich, dass in *Müller'scher Flüssigkeit* eine Schwellung des ganzen Stückes und speciell der Rinde entsteht, dass diese Schwel-

---

[1] Das hierbei angewandte Verfahren ist folgendes: Eine gleichmässig weite Glasröhre wird mit Flüssigkeit von einer gegebenen Temperatur bis zu einer Marke gefüllt. Wenn das Hirnstück in die Flüssigkeit gelegt und die Flüssigkeitssäule gestiegen ist, wird mit einer 1 cm^3 haltenden, durch 30 gleich grosse Theilstriche graduirten feinen Glasspritze so viel von der Flüssigkeit aufgesaugt, dass sich die Flüssigkeitssäule genau wieder auf die ursprüngliche Marke einstellt. Die angesaugte Flüssigkeitsmenge, die direkt in der Spritze in halben Theilstrichen oder $1/60$ cm^3 abgelesen werden kann, giebt das Volumen der Rinde an.

lung bereits nach 24 Stunden nachgewiesen werden kann, dass aber dieselbe erst nach Härtung von einigen Wochen ausgeprägter wird. Nach 3 Tagen hatten die Stücke im Mittel von 0,51 bis 0,57 cm³ zugenommen und die Volumenvermehrung betrug also in dieser Zeit bis 0,08 cm³ oder 11,7 %. Vorausgesetzt, dass das Stück allenthalben dieselbe Dichtigkeit besässe und die Schwellung alle Theile gleichmässig beträfe, würde die Rinde (bei einer Dicke von 2 mm) höchstens 0,1 mm an Dicke zugenommen haben.

Stücke, die zuerst 3 Tage lang in *Müller'scher Flüssigkeit* und danach 14 Tage lang in 95 % Alkohol gelegen hatten, schrumpften ganz bedeutend, so dass das Volumen von 0,513 cm³ auf 0,292 cm³ herabging. Die Verminderung des ursprünglichen Volumens, das 0,513 cm³ war, betrug also 0,221 cm³ oder 43 %. Je länger das Präparat in Müller'scher Flüssigkeit gehärtet ist, desto geringer wird die folgende Schrumpfung in Alkohol, dessen Concentration gradweise vermehrt wird, und die Volumenabnahme, die ein in Müllerscher Flüssigkeit wohlgehärtetes Stück binnen 14 Tagen in 60 % Spiritus erleidet, beläuft sich im Mittel auf 25 % des ursprünglichen Volumens. In Aether erleidet ein derart geschrumpftes Stück keine nennenswerthe weitere Schrumpfung.

Die erwähnte Schrumpfung ist auch für Stücke aus einem Gebiete desselben Gehirns nicht gleichmässig und es findet sich kein constantes Verhältniss zwischen Stücken aus Gehirnen von verschiedenem Härtungsgrade.

In Spiritus von 95 % unterliegen Stücke der Rinde aus einem frischen Gehirne einer Schrumpfung, die innerhalb 24 Stunden bis zu 20,5 % beträgt. Irgend eine Veränderung in der Dicke der Rinde kann durch makroskopische Messung nicht nachgewiesen werden. Die berechnete Verminderung beträgt 0,1 bis höchstens 0,2 mm, vorausgesetzt dass das Hirnstück allenthalben dieselbe Dichtigkeit besitzt.

Wenn das Stück weitere 3 Stunden lang in absolutem Alkohol (mit Hülfe von wasserfreiem Kupfersulphat dargestellt) gelegen hatte, konnte ebenfalls keine weitere Schrumpfung nachgewiesen werden. Stücke aus demselben Gebiete von demselben Gehirne und aus entsprechenden Gebieten von verschiedenen Gehirnen schrumpften in gleichem Grade.

Ebenso wurde die Veränderung der auf diese Weise gehärteten Stücke bei der Behandlung nach den verschiedenen *Einbettungsmethoden* bestimmt. Nachdem sie einige bis 24 Stunden in Xylol gelegen haben, bis sie vollständig durchtränkt sind, tritt keine nachweisbare Veränderung des Volumens oder der Flächendimensionen ein. Ebenso tritt keine nachweisbare Veränderung, weder des Volumens, noch der Flächendimensionen, ein, wenn sie 2 Stunden lang in Paraffin von 45–50° Temperatur gelegen haben. Nach der Erstarrung konnte keine Veränderung in der Dicke der Rinde nachgewiesen werden.

Ein Stück, das 3 Monate lang in *Müller'scher Flüssigkeit*, darauf 14 Tage lang in Alkohol von 60—95 % und 24 Stunden lang in Aether wohlgehärtet ist, unterliegt bei der *Celloidineinbettung* keiner grösseren Volumenveränderung.

Um den Grad der Veränderung weiter zu bestimmen, welche die Dimensionen der Rinde durch die genannten Härtungs- und Einbettungsmethoden erleiden, wurde folgender *Versuch* angestellt:

Von einem soeben herausgenommenen Gehirne wurde aus einer Windung ein Stück herausgeschnitten, das in zwei gleich grosse Theile getheilt wurde, wonach die Dicke der Rinde an der Schnittfläche bestimmt wurde. Das eine Stück wurde einer sorgfältigen Paraffineinschmelzung und darauf folgender Färbung mit Methylenblau unterworfen. Das andere wurde, nachdem es 3 Stunden lang in Gummilösung gelegen hatte, mit dem Gefriermikrotom geschnitten und die so gewonnenen Stücke wurden dann ebenfalls mit Methylenblau gefärbt. Die Dicke der Rinde wurde nun sowohl an den mit dem Gefriermikrotom hergestellten Schnitten, wie auch an dem in Paraffin eingebetteten Stücke gemessen, wobei sich fand, dass sie in den ersteren 0,1, höchstens 0,2 mm dicker war. Durch makroskopische Messung konnte keine Veränderung in der Dicke der Rinde nachgewiesen werden, ebensowenig wie mikroskopisch eine solche für die verschiedenen Schichten constatirt werden konnte, weil die Verminderung jeder derselben sich nur auf Hunderttheile eines mm beläuft und die Abgrenzung zwischen den Schichten mehr oder weniger diffus ist.

Derselbe Versuch wurde mit einem in Spiritus gehärteten und in Celloidin eingebetteten Stücke gemacht, wobei sich eine etwas grössere und nicht so constante Veränderung zeigte.

Ein in Müller'scher Flüssigkeit gehärtetes und in Celloidin eingebettetes Stück zeigte eine grössere Verminderung der Rinde, bis zu 0,4 mm, mit grossen Unterschieden für Gehirne von verschiedenem Härtungsgrade.

Ein in Müller'scher Flüssigkeit gehärtetes Stück erleidet bei Paraffineinbettung öfters bedeutende und unberechenbare Veränderungen und die Rinde zerspringt manchmal in radiäre Streifen, wenn die Härtung nicht mit grösster Sorgfalt ausgeführt worden ist.

Da es sich also gezeigt hat, dass die Rinde bei der Paraffineinbettung nur höchst unbedeutende Veränderungen erleidet, da sich ferner diese Veränderungen als constant erwiesen haben für die Rinde in einem Gebiete aus einem Gehirne, sowie für Rinde von demselben Bau aus verschiedenen Gehirnen, und da die Grösse der Veränderungen genau berechnet werden kann, habe ich zu meinen Bestimmungen der Zellenanzahl in der Rinde die beschriebene *Präparirungsmethode: Spiritus-Xylol-Paraffin* gewählt, zumal da diese Methode sich besonders gut zur Herstellung von Serienschnitten von einer bestimmten Dicke eignet.

Diese letztere stösst auf keine grösseren Schwierigkeiten, sobald man über ein gutes Mikrotom verfügt und die Paraffinmethode wohl beherrscht. Das Paraffin (mit einem Schmelzpunkte von 51°) wird während der ganzen zur Einschmelzung erforderlichen Zeit auf einer Temperatur erhalten, die dicht oberhalb seines Erstarrungspunktes liegt (ungefähr 45°). Die hergestellten Schnittserien werden mit Nelkenöl-Collodium auf einem Objektglase befestigt und mit einer Färbungsflüssigkeit behandelt, die mit Sicherheit alle in dem Präparate vorhandenen Nervenzellen färbt. Eine solche Flüssigkeit ist eine 5 % Lösung von Methylenblau, die eine gleichmässige und sichere Zellenfärbung bewerkstelligt.

Da die Schnitte bei dieser Färbung eine Menge von Proceduren durchzumachen haben, von denen man annehmen könnte, dass sie eine weitere Schrumpfung der Rinde herbeiführen, habe ich folgenden *Versuch* angestellt:

Die gefertigten und auf dem Objektglase befestigten Schnitte wurden genau gemessen, besonders wurde die Dicke der Rinde festgestellt. Nachdem das Präparat in Xylol vom Paraffin und in Spiritus vom Xylol befreit worden war, konnte keine Veränderung der gemessenen Dimensionen constatirt werden.

Die nun folgende Erwärmung der Schnitte in der Färbungsflüssigkeit muss mit grosser Vorsicht geschehen, da sonst eine ziemlich bedeutende und ungleichmässige Schrumpfung der Rindenelemente stattfindet. Eine langsame Erwärmung binnen einigen Minuten bis auf ungefähr 50° verändert die Dimensionen der Rinde oder der Rindenelemente oder das Verhältniss der letzteren zu einander nicht nachweisbar.

Auch nach der Entfärbung in Spiritus-Anilinöl und der Aufhellung in Origanumöl werden die Dimensionen der Rinde oder der Rindenelemente nicht merkbar verändert und, nachdem das Präparat in Benzincolophonium eingelegt worden war, konnte nach Wochen und Monaten keine Veränderung der Dimensionen der Rinde nachgewiesen werden.

Zur Bestimmung der Anzahl von Nervenzellen in $[0{,}1 \text{ mm}]^2$ in einer gewissen Tiefe in der Rinde habe ich es bequemer und vortheilhafter gefunden, statt des Ocularmikrometers das positive Bild einer in [0,5 mm]² eingetheilten [1 cm]² grossen Glasplatte zu benutzen, das durch eine convexe Linse (z. B. Abbe's Apparat) auf das Präparat geworfen wird. Der Vortheil bei dieser Anordnung liegt darin, dass man durch Annäherung der graduirten Platte an die Linse oder Entfernung von derselben mit Leichtigkeit die Grösse des Bildes der graduirten Platte auf dem Präparat zunehmen oder abnehmen lassen kann und dass dieses Bild, das in derselben Fläche wie das Präparat liegt, als ein integrirender Bestandtheil desselben zu betrachten ist, weshalb man mit Objektiv und Ocular die Vergrösserung nach Belieben verändern kann, ohne das Verhältniss zwischen dem Präparat und der darauf befindlichen Skala zu verändern. Die Glasplatte wird mittels eines Objektivmikrometers so eingestellt, dass jedes kleine Quadrat im Sehfelde genau [0,1 mm]² misst.

Ein Uebelstand bei dieser Methode liegt darin, dass das Bild des Messnetzes nicht leicht sichtbar wird, diesem Umstande kann man jedoch leicht dadurch abhelfen, dass man das Licht zum Spiegel durch einen in einem Schirm angebrachten, ungefähr 0,5 cm breiten Spalt durchgehen lässt.

Ein anderer Uebelstand besteht darin, dass die Skala in den peripherischen Theilen des Sehfeldes in Folge der sphärischen Aberration nicht vollständig correkt bleibt. Dieser Umstand hat wenig Bedeutung, da es keine Schwierigkeit macht, einen Theil des Präparats nach dem andern in den centralen Theilen des Sehfeldes einzustellen.

Nachdem die Zellen in einer Anzahl Quadraten von [0,1 mm]² in derselben Tiefe der Rinde im ersten Schnitte berechnet worden sind, berechnet man eben so viele Quadrate in 10 auf einander folgenden serienweise angefertigten Schnitten, deren jeder 10 μ dick ist, oder in 5 Schnitten von 20 μ Dicke. Die auf diese Weise gefundene Summe wird in eben so viele Theile getheilt, als Quadrate in jedem Präparate berechnet worden sind, und der Quotient giebt die Zahl der in [0,1 mm]³ Rindensubstanz vorhandenen Zellen an.

Hier stösst man nun auf die Schwierigkeit, dass dieselbe Zelle zerschnitten in mehreren auf einander folgenden Schnitten vorkommen kann, so dass sie mehrere Male in Berechnung gebracht wird. Diesem Uebelstande kann dadurch abgeholfen werden, dass man in das in Paraffin eingeschmolzene Präparat eine Einkerbung macht, so dass mittels dieses in jedem Schnitte wiederkehrenden Zeichens in den auf einander folgenden Schnitten eine bestimmte Stelle auf denselben Punkt im Sehfeld eingestellt und wiedererkannt werden kann. Obgleich dieses Verfahren zwar keine grösseren Schwierigkeiten verursacht, dürfte es doch zu zeitraubend und praktisch in grösserer Ausdehnung kaum ausführbar sein. Weit einfacher und leichter wird dem erwähnten Uebelstande abgeholfen, wenn man darauf achtet, blos die Schnitte zu rechnen, die einen Nucleolus enthalten, oder — auf Querschnitten einer Windung — die Zellenschnitte, die einen wenigstens 10 μ langen Spitzenfortsatz haben.

Da sowohl Form und Grösse, als auch die Zahl der Zellen in verschiedenen Tiefen der Rinde bedeutend variiren können, kann für die Zahl der Zellen in der ganzen Dicke der Rinde ein Mittelwerth nicht angegeben werden, sondern die Bestimmung muss für jede einzelne der verschiedenen Schichten und oft auch für die verschiedenen Theile derselben gemacht werden. Deshalb muss auch bei Berichten über die Resultate der Bestimmung sowohl die Tiefe angegeben werden, in welcher sie gemacht worden ist, als auch die Grösse, Form und Anzahl der Zellen. Als Einheit hat sich für diese Bestimmungen [0,1 mm]^3 als am geeignetsten erwiesen.

Die im Folgenden vorkommenden Angaben über die Anzahl der Zellen stammen von Bestimmungen her, die nach der beschriebenen Methode gemacht worden sind; die Zuverlässigkeit derselben in Bezug auf die normale Rinde dürfte am besten daraus hervorgehen, dass übereinstimmende Resultate gewonnen wurden bei Bestimmungen aus demselben Rindengebiete in demselben Gehirne und aus entsprechenden Rindengebieten in verschiedenen Gehirnen von gleichem Alter und gleicher Entwicklung.

Die Anwendbarkeit der Methode für pathologische Fälle habe ich nur bei den Formen von Entwicklungshemmung geprüft, über die in Abtheilung III berichtet wird, und dabei gefunden, dass sie constante und mit einander völlig vergleichbare Resultate liefert.

Die Zeichnungen, die dieser Arbeit beigegeben worden sind, sind sämmtlich so hergestellt, dass das Bild eines reellen Präparates mittels elektrischen Bogenlichtes durch ein gewöhnliches geneigtes Mikroskop auf einen vor diesem befindlichen, in einem Winkel von 45° geneigten Spiegel und von diesem auf ein in [2 cm]^2 grosse Quadrate getheiltes Papier geworfen wurde. Durch Annäherung des Spiegels an das Mikroskop oder Entfernung von demselben kann das auf das Papier geworfene Bild des Präparats verkleinert oder vergrössert werden. Der Spiegel wird von Anfang an mittels einer Objektivskala so eingestellt, dass [0,1 mm]^2 im Präparat genau einem [2 cm]^2 grossen Quadrat auf dem Papiere entspricht, oder so, dass die Linearvergrösserung 200 beträgt. Den Contouren der auf dem in Quadrate eingetheilten Papiere mit grosser Deutlichkeit erscheinenden Zellenbilder folgt man mit einem Bleistift, wonach die genaueren Einzelheiten aus freier Hand ausgeführt werden, nachdem man denselben Theil von Neuem in dem Mikroskop eingestellt hat, dessen Sehfeld auf die vorher erwähnte Weise in [0,1 mm]² grosse Quadrate eingetheilt ist.

Ein Uebelstand bei der beschriebenen Projektionsmethode ist der, dass das Bild an der Peripherie des Sehfeldes in Folge der sphärischen Aberration nicht correkt wird, er wird aber vermieden, wenn nach vorheriger Bestimmung des Umkreises der correkten Bilder nur die in diesem centralen Umkreise befindlichen Zellen abgezeichnet werden. Durch Verschiebung des Präparates können sämmtliche Theile der Rinde nach einander im centralen Sehfeld eingestellt und abgezeichnet werden.

Meine Zeichnungen machen deshalb Anspruch darauf, eine correkte Darstellung von der Dicke, sowohl der ganzen Rinde als ihrer verschiedenen Lagen, von der Grösse, Form, Anordnung und Menge der Nervenzellen in dem abgezeichneten Präparate zu bieten. Da die Skala $^{200}/_1$ ist, kann das wirkliche Maass einer gegebenen Partie in der Rinde mit Leichtigkeit auf der Zeichnung abgelesen werden. Die am Rande der Zeichnungen angegebenen Maasse sind Mittelzahlen sämmtlicher von mir ausgeführten Bestimmungen aus einem gegebenen Rindengebiete, während die Zeichnung selbst eine genaue Copie eines typischen Schnittes von demselben Gebiete ist.

Die Zeichnungen der stärker vergrösserten Zellen machen Anspruch darauf, genau die Zellform und die Zellstruktur zu zeigen, so wie diese mit Hülfe der Methylenblaufärbung hervortreten; und da es hierbei nur auf einen Vergleich zwischen auf dieselbe Weise behandelten normalen und pathologischen Zellen abgesehen ist, so mag es dahingestellt bleiben, wie weit die hier wiedergegebene Struktur ein Kunstprodukt ist oder nicht.

Da ferner hier nur eine Darstellung der Form und Grösse der Zellkörper, sowie ihrer Lage im Verhältniss zu andern beabsichtigt ist, so sind auf Zeichnungen von weniger vergrösserten Zellen nur die Fortsätze abgezeichnet worden, die bei der angewandten Vergrösserung hervortraten. Dass ich die Metallimprägnirungsmethode zur Vervollständigung meiner die Fortsätze betreffenden Angaben nicht angewendet habe, beruht darauf, dass ich eine Methode nicht anwenden zu müssen glaubte, die ihrem Wesen nach noch so wenig bekannt ist und Bilder liefert, deren Bedeutung noch nicht bestimmt ist, sondern eine der Streitfragen des Tages bildet.

II.

Die normalen Gehirne, die das Material für die Bestimmung der Zellenanzahl bildeten, stammen von den folgenden Patienten:
1. Edla J., 14 Jahre alt, am 14. Febr. 1893 an tuberkulöser Peritonitis gestorben.
Sie hatte mittelmässiges Urtheilsvermögen, etwas träge Gedankenthätigkeit und correktes Gedächtniss. Die Gemüthsart war gut und gleichmässig. Sie konnte ziemlich gut rechnen, lesen und schreiben und hatte die gewöhnliche Volksschulenbildung. Sie war nicht musikalisch, konnte nicht zeichnen.
2. Oscar E., 19 Jahre alt, am 29. Jan. 1893 an Gangraena pulmonum gestorben.
Auffassung, Urtheilsvermögen, Gedächtniss und Gedankenthätigkeit waren in jeder Beziehung normal, die Gemüthsart war mild, in letzter Zeit etwas deprimirt. Er konnte gut rechnen, lesen und schreiben und hatte die gewöhnliche Volksschulenbildung.
3. Augusta A., Dienstmädchen, 39 Jahre alt, am 2. Dec. 1892 an Tuberculosis pulmonum gestorben.
Auffassung, Urtheil, Gedächtniss und Gedankenthätigkeit normal. Gemüth geduldig und mild. Sie konnte ziemlich gut lesen, rechnen und schreiben, war wohlbewandert in weiblichen Arbeiten.
4. W. L., Kaufmann, 28 Jahre alt, am 6. Febr. 1893 an Typhus abdominalis gestorben.
Auffassung, Urtheilsvermögen, Gedächtniss und Gedankenthätigkeit normal. Er konnte gut rechnen, lesen und schreiben und wurde für gut begabt gehalten.
5. Oscar P., Eisenarbeiter, 27 Jahre alt, am 11. März 1893 an Tuberculosis pulmonum gestorben.
Auffassung, Urtheilsvermögen, Gedächtniss und Gedankenthätigkeit normal, Gemüthsart gleichmässig und gut. Er konnte gut lesen, rechnen und schreiben.
6. Oscar M., Tischler, 33 J. alt, am 23. März 1893 an Tuberculosis pulmonum gestorben.

Auffassung, Urtheilsvermögen, Gedächtniss und Gedankenthätigkeit durchaus normal; Begabung mittelmässig. Gemüthsart gleichmässig und gut. Er konnte gut rechnen, lesen und schreiben, sollte mittelmässige Geschicklichkeit in seinem Berufe gehabt haben.

7. Alfrida G., Bauernfrau, 40 Jahre alt, am 20. Nov. 1892 an Tuberculosis pulmonum gestorben.

Urtheilsvermögen mittelmässig, Gedächtniss normal, Gedankenthätigkeit träg. Sie konnte nicht rechnen, schlecht lesen und schreiben. Feine Handarbeit konnte sie nicht machen.

8. E. J., Hausfrau, 50 J. alt, im October 1892 an Degeneratio cordis gestorben.

Auffassung, Urtheil, Gedächtniss und Gedankenthätigkeit mittelmässig entwickelt; Gemüthsart veränderlich, heftig. Sie konnte weder lesen, noch schreiben und verstand keine feine Handarbeit.

9. Fötus, 5 Monate, Zwilling.
10. Neugebornes Kind, unmittelbar nach der Geburt gestorben.
11. Mädchen, 10 Jahre alt.
12. Knabe, 2 Jahre alt.

Ausserdem sind verschiedene, sowohl in Spiritus, als in Chromsäure gehärtete Gehirne aus verschiedenen Altern mehr oder weniger in's Einzelne gehend untersucht worden. Hierbei fand sich, dass Gehirne von Personen desselben Geschlechts und Entwicklungsgrades in Hinsicht auf Form, Grösse, Anordnung und Struktur vollständig übereinstimmen.

Die im Folgenden angeführte Beschreibung der normalen Hirnrinde gründet sich auf die Untersuchung von Gehirnen erwachsener Männer, und Abweichungen für die Gehirne von jüngeren Individuen, sowie von Frauen werden besonders angeführt.

Was die Benennung der Windungen und Lappen betrifft, ist der von CLASON festgestellten Nomenclatur gefolgt worden. Die Beschreibungen des histologischen Baues der Rinde beziehen sich auf den Querschnitt der Windungen. Bei Angabe der Maasse der Zellen ist der horizontale Durchmesser zuerst angegeben und dann der vertikale (z. B. $5\mu \times 10\mu$). Die Benennung der verschiedenen Schichten bezieht sich entweder auf die Tiefe der Schicht oder auf Form und Grösse der Zellen nach der von den Autoren allgemein angewendeten Bezeichnungsweise.

Der Vollständigkeit halber glaube ich meiner Beschreibung der normalen Hirnrinde hierher gehörige wichtigere historische Data vorausschicken zu müssen. Da indessen meine Beschreibung in mehreren Abtheilungen dargestellt ist, die sich auf die verschiedenen Hirnlappen beziehen, habe ich es für zweckmässig gefunden, zu Anfang jeder Abtheilung das dazu gehörende Geschichtliche anzuführen.

Da sämmtliche Autoren, die eine Beschreibung des Baues der Hirnrinde geliefert haben, diesen als gemeinsam für den grössten Theil des Gehirnes dargestellt haben, wird hier zunächst ein Bericht darüber gegeben.

Die "gemeinsamen Typen" der Autoren.

Den älteren Beschreibungen, wie denen Kölliker's und Remak's eines 3-schichtigen, der Baillarger's eines 6-schichtigen Typus liegen hauptsächlich nur makroskopische Untersuchungen zu Grunde.

Die ersten genaueren Beschreibungen des feineren Baues der Hirnrinde sind von Berlin (1858), Arndt (1867) und Meynert (1867—72).

BERLIN stellte einen 6-schichtigen Typus auf, wobei die 1., 2. und 3. Schicht zusammen Kölliker's gelbrother Schicht und Remak's Substantia gelatinosa, die 4. und 5. Schicht Kölliker's und Remak's grauer, die 6. der weissen Schicht dieser Autoren entspricht.

In ARNDT's 5-schichtigem Typus entspricht die 1. und 2. Schicht Kölliker's weisser, die 3. und 4. der grauen Schicht dieses Autors und die 5. Kölliker's gelbrother sowie Remak's Substantia gelatinosa.

In MEYNERT's 5-schichtigem Typus entspricht die 1. Schicht Kölliker's und Remak's weisser, die 2. Schicht der grauen dieser Autoren, die 3., 4. und 5. Kölliker's gelbrother Schicht und Remak's Substantia gelatinosa. Bei diesem Typus besteht

die 1. Schicht, die $^1/_{10}$ der ganzen Dicke der Rinde ausmacht, zum grössten Theile aus Neuroglia mit einzelnen ohne regelmässige Anordnung eingestreuten Nervenzellen. Nach aussen wird diese Schicht durch ein Netzwerk feinster Nervenfasern begrenzt.

Die 2. Schicht, die ungefähr dieselbe Dicke wie die vorhergehende hat, wird aus dicht stehenden Pyramidenzellen gebildet, die ungefähr 10 μ Höhe haben.

Die 3. Schicht, die die mächtigste von allen ist, wird von dünn stehenden Pyramidenzellen gebildet, die bis 40 μ Höhe haben und vom oberflächlichsten zum tiefsten Theile der Schicht hin an Grösse zunehmen.

Die 4. Schicht wird von dicht stehenden, unregelmässigen, 8—10 μ grossen Zellen mit vereinzelten grossen Pyramidenzellen gebildet.

Die 5. Schicht wird von ungefähr 30 μ langen, spindelförmigen Zellen mit vereinzelten Pyramidenzellen gebildet. Auf einem Querschnitt durch die Windung stehen diese Spindelzellen in der Mitte der Windung vertikal, an den Seitenflächen der Windung aber und im Boden eines Sulcus horizontal.

Ungefähr von der inneren Hälfte der 3. Schicht aus sammeln sich die Nervenfasern zu distinkten, radiär verlaufenden Bündeln, wodurch die Zellen in parallelen Reihen angeordnet werden. Auf der Zeichnung, die Meynert seinem Aufsatz in Stricker's Handbuche beigegeben hat, sind die 3., 4. und 5. Schicht scharf gegen einander abgegrenzt und die von ihm beiläufig erwähnten Pyramidenzellen in der 4. und 5. Schicht fehlen auf dem Schema, ebenso findet sich auch weder in Text, noch im Schema irgend eine Andeutung über eine Zellenlage zwischen der 4. und 5. Schicht.

Derjenige, der zuerst die Aufmerksamkeit auf die unter der 3. Schicht befindlichen grossen Pyramidenzellen lenkte, war BETZ, der übrigens, wie auch Mierzejewski in der Hauptsache Meynert's Darstellung folgt.

BEVAN LEWIS legte grösseres Gewicht auf diese Zellen und beschrieb sie als einen für die ganze Hirnrinde charakteristischen, integrirenden Bestandtheil in der 4. Schicht. Diese Zellen, die grösser sind als die Zellen der 3. Schicht, aber kleiner als die für die motorische Region charakteristischen Riesenzellen, zu denen sie homologe Bildungen sind, sind im Allgemeinen in einer einfachen Reihe mit kürzeren oder längeren Zwischenräumen zwischen einander angeordnet, so dass sie oft eine deutliche Schicht bilden. Auf Grund dieser Anordnung hält sich der Vf. für berechtigt, einen 6-schichtigen Typus aufzustellen, der sich von dem Meynert's darin unterscheidet, dass sich in der 4. Schicht eine Schicht Pyramidenzellen, »ganglionic cells», vorfindet.

GOWERS folgt der Darstellung von Bevan Lewis.

MAJOR und BAILLARGER erwähnen diese Zellschicht, verlegen sie aber zwischen die 4. und 5. Schicht.

In einer späteren Abhandlung beschreibt BETZ einen gemeinsamen Typus ohne irgend eine wesentliche Abweichung von dem Meynert's. In seiner Beschreibung des Baues der Rinde in verschiedenen Theilen der Hirnoberfläche hat jedoch Betz das Vorhandensein dieser Zellen in der 4. Schicht aufrecht erhalten und an einigen Stellen sie auch als eine deutlich unterschiedene Schicht beschrieben.

Auch GOLGI (der einen 3-schichtigen Typus aufstellt) beschreibt diese Zellen als einen für den grösseren Theil der Hirnrinde charakteristischen Bestandtheil.

SCHWALBE giebt folgende Beschreibung eines gemeinsamen Typus: die Rinde wird durch eine Grenzschicht (Baillarger's Streifen) in eine äussere und eine innere Hauptzone getheilt.

Die innere Hauptzone, die radiär aufsteigende Bündel von Nervenfasern enthält, besteht aus 2 Schichten: 1) der Schicht der kleinen Nervenzellen (4. und 5. nach Meynert's Typus), 2) der Schicht der grossen Pyramidenzellen (tieferer Theil von Meynert's 3. Schicht).

Die äussere Hauptzone ist getheilt in: 1) eine tiefere Schicht, die aus kleinen Pyramidenzellen besteht (äusserer Theil von Meynert's 3. und dessen 2. Schicht) und 2) eine obere, zellarme Schicht (Meynert's 1. Schicht).

Die Verfasser von späteren Lehrbüchern haben die oben genannten grossen Pyramidenzellen unter der 3. Schicht entweder vollständig übersehen oder nur beiläufig erwähnt oder sie schliesslich auch als einer andern Schicht der Rinde als der 4. angehörig beschrieben.

So berichtet TESTUT über Meynert's Schema, aber vergisst die Pyramidenzellen in der 4. und 5. Schicht. Er erwähnt wohl Betz's und Golgi's Beschreibungen der Riesenzellen der motorischen Region und die diesen homologen Zellen in der übrigen Hirnrinde, aber er giebt nichts über die Lage dieser Zellen an, weshalb aus seiner Beschreibung hervorgehen muss, dass diese Zellen der 3. Schicht angehören, da er nämlich die grossen Pyramidenzellen ausschliesslich dahin verlegt.

Denselben Fehler begeht SCHÄFER in Quain's Anatomie. Auch er vergisst die Pyramidenzellen in der 4. und 5. Schicht, behauptet aber dafür, dass der tiefste Theil der 3. Schicht bisweilen als eine besondere Schicht beschrieben worden sei. Wahrscheinlich liegt hier eine Verwechselung mit den Pyramidenzellen der Autoren in (Bevan Lewis) oder unter (Baillarger, Major) der 4. Schicht vor. Seine Angabe, dass bisweilen ein 6-schichtiger Typus dadurch entstehe, dass mitten in der 3. Schicht eine Schicht von angulären Zellen auftreten soll, dürfte entweder auf einer Verwechselung mit der unter der 3. Schicht befindlichen 4. Schicht beruhen, oder auch sich auf die Rinde des Occipitallappens beziehen.

OBERSTEINER's Darstellung stimmt in der Hauptsache mit der Meynert's überein, aber er erwähnt die in der 5. Schicht von Meynert beschriebenen Pyramidenzellen nicht, soweit man nicht seine Angabe so auffassen darf, dass sich in der 5. Schicht Uebergänge von Pyramidenzellen zu Spindelzellen finden. Die in der 4. Schicht sich vorfindenden Pyramidenzellen erwähnt er, nicht aber, dass sie eine besondere Schicht bilden können.

Sicher kann man im Grossen und Ganzen bei der Skizzirung des allgemeinen Baues der Rinde berechtigt sein, 2 Typen aufzustellen, einen *motorischen* und einen *sensitiven*, von denen der erstere dadurch charakterisirt sein dürfte, dass die 4. Schicht entweder ganz und gar oder fast vollständig fehlt, und dass ihre Stelle nebst einem Gebiet unter ihr von den grossen motorischen Zellen eingenommen wird, während der letztere charakterisirt ist durch eine wohl ausgebildete 4. Schicht mit einer deutlichen Schicht grosser Pyramidenzellen zwischen derselben und der 5. Schicht. (In diese Schicht, die von den meisten Autoren entweder übersehen oder auch unrichtig aufgefasst worden ist, verlegt Bevan Lewis seine »ganglionic cells». Im Folgenden wird sie »Ganglienzellenschicht» genannt).

Da aber die Rinde, wie später gezeigt werden soll, bei näherer Betrachtung in verschiedenen Gebieten innerhalb ihrer beiden Regionen sich als verschieden zusammengesetzt erweist, entweder so, dass sich Abweichungen in Zusammensetzung, Anordnung oder Gehalt an Zellen in den verschiedenen Schichten, oder auch in der Anordnung, Form und Grösse der Zellen unter einander vorfinden, muss man die Aufstellung eines gemeinsamen Typus dahingestellt sein lassen und die verschiedenen, von einander abweichenden Rindengebiete müssen gesondert für sich beschrieben werden, wenn es sich darum handelt, eine vollständige und genaue Darstellung des Baues der Hirnrinde zu liefern.

Lobus frontalis.

Die motorische Region wurde zuerst von Betz ausführlicher beschrieben, der zu dieser Region das ganze vordere und obere Ende und den zur medialen Hirnoberfläche gehörenden Theil der hintern Centralwindung rechnet. Die Rinde in dieser Region wird durch die von Betz zuerst beschriebenen Riesenzellen charakterisirt, die in der 4. Schicht in Gruppen, bis zu 5 in jeder Gruppe, angeordnet sind. Diese Zellengruppen, die bei jungen Individuen spärlich sind, finden sich auch, obwohl in geringerer Anzahl, in der untern Hälfte der vorderen Centralwindung. Sie sind grösser und häufiger in der rechten Hemisphäre.

Bevan Lewis und Clarke, welche zur motorischen Region auch das hintere Drittel der 1. und 2. Frontalwindung rechnen, heben hervor, dass sich in der 1. Schicht keine Nervenzellen finden. Die 2., 3. und 5. Schicht fallen nach diesen Autoren in der Hauptsache mit den entsprechenden Schichten in Meynert's gemeinsamem Typus zusammen. In der 4. Schicht treten Gruppen von grossen Pyramidenzellen auf, die bis 71 μ hoch sind. Die Verfasser schlagen den Namen »ganglionic cells« für diese unter der 3. Schicht gelegenen Zellen vor. Sie sind, wie erwähnt, in Gruppen angeordnet, aber blos in der Kuppe der Windung (auf dem Querschnitte), während sie im Grunde eines Sulcus in einer einfachen Reihe neben einander stehen.

Die Verff. haben die vordere Centralwindung sowie das hintere Drittel der 1. und 2. Frontalwindung Schnitt für Schnitt untersucht und dabei gefunden, dass die erwähnten Zellengruppen längs des parietalen Umfanges der vorderen Centralwindung constant vorkommen, ausser im Ursprunge der 1. und 2. Frontalwindung, wo sie ausschliesslich am frontalen Umfang der Windung lokalisirt sind. Die Zellen nehmen in diesen Gruppen gegen den untern Theil der vorderen Centralwindung, sowie gegen die Frontalwindungen hin ab.

Nach einem späteren Aufsatze von BETZ können diese »Riesenzellen« auch in der 3. Schicht vorkommen, wo sie sich in einer einfachen Reihe ordnen. Ebenso können sie auch in der 2. und 5. Schicht angetroffen werden. Die grössten Zellen finden sich in der vorderen Centralwindung (am reichlichsten im Lobulus paracentralis), sowie bisweilen im obersten Theile der hinteren Centralwindung, wo diese in den Lobulus paracentralis übergeht.

Von den Verfassern späterer Lehrbücher erwähnt SCHÄFER, dass das motorische Gebiet von dem gemeinsamen Typus darin abweicht, dass einige der tieferen Pyramidenzellen sehr gross und in mehr oder weniger gut begrenzten Gruppen angeordnet sind. Da er die Pyramidenzellen ausschliesslich in die 3. Schicht verlegt, dürfte hieraus hervorgehen, dass er die für die motorische Region charakteristischen »ganglionic cells« oder die Riesenzellen mit den tiefsten Pyramidenzellen der 3. Schicht verwechselt.

Auch OBERSTEINER hebt die für diese Zellen charakteristische Lage in der 4. Schicht nicht mit hinreichender Schärfe hervor. Er erwähnt nämlich, dass einige der Pyramidenzellen im Lobulus paracentralis und im obersten Theile der Centralwindungen eine bedeutende Grösse erreichen und in Gruppen von 2 bis 3 Zellen angeordnet sind. Er giebt jedoch an, dass »manche dieser Zellen in der Schicht unregelmässiger Zellen« liegen.

Die Rinde des Frontallappens wird von MEYNERT als nach dem von ihm aufgestellten gemeinsamen Typus gebaut betrachtet. Betz, Bevan Lewis und Clarke grenzen, wie erwähnt, die vordere Centralwindung sammt dem hintern Drittel der 1. und 2. Frontalwindung als zur motorischen Region gehörig ab.

Nach BETZ wird die 1. Frontalwindung dadurch charakterisirt, »dass in der 3. Schicht, im innersten Theile der Windung« Pyramidenzellen vorkommen, die grösser sind als die entsprechenden Zellen im gemeinsamen Typus. Die 4. Schicht ist schwach entwickelt, weshalb die 3. Schicht bis zur 5. zu reichen scheint. Erst am vorderen Drittel dieser Windung wird die 4. Schicht mächtiger und nimmt gegen die Spitze hin zu, während die 3. Schicht an Dicke abnimmt.

Dasselbe Verhalten gilt von der 2. Frontalwindung, obgleich hier schon von Anfang an die 4. Schicht mehr entwickelt ist.

In der 3. Frontalwindung können 3 verschiedene Gebiete unterschieden werden.

Das hinterste, das nach vorn bis zum aufsteigenden Aste der Fissura Sylvii reicht, ist dadurch charakterisirt, dass grosse Pyramidenzellen, die kleineren Riesenzellen gleichen (bei älteren Individuen), bisweilen in der 3. Schicht vorkommen.

Im 2. Gebiete, das bis zum Anfang des Orbitaltheils der 3. Frontalwindung reicht, finden sich in der 2. und 3. Schicht schmale, aber lange, in Gruppen geordnete Pyramidenzellen, die sich mit ihren Fortsätzen unter einander verflechten.

Im 3. Gebiete, das bis zum Polus insulae reicht, haben die Zellen der 5. Schicht dieselbe Grösse, wie die Zellen im Claustrum. Bisweilen finden sich in der 3. Schicht ganz kleine Zellen.

Die Rinde der Orbitalwindungen gleicht der in der Spitze der Frontalwindungen. Je mehr man sich der vorderen Spitze der Orbitaloberfläche nähert, desto mehr nehmen die Pyramidenzellen an Zahl und Umfang ab. Am hintern Umfange derselben nimmt die 5. Schicht an Breite zu.

Der Gyrus rectus gleicht dem Gyrus cinguli und besteht blos aus 1. und 5. Schicht, mit vereinzelten kleineren Zellen in der 5. Schicht.

Die Verfasser späterer Lehrbücher rechnen die Rinde des Frontallappens zu dem gemeinsamen Typus. OBERSTEINER erwähnt, dass die Pyramidenzellen um so grösser werden, je mehr man sich den Centralwindungen nähert.

Die Rinde hat im **Gyrus centralis anterior** in der Kuppe der Windung (auf dem Querschnitte) folgende Zusammensetzung:

Die 1. Schicht, die hier 0,20 mm dick ist, enthält einige vereinzelte Nervenzellen ohne andere charakteristische Anordnung, als dass in der oberen Hälfte ihre längsten Durchmesser horizontal und in der tieferen Hälfte vertikal gerichtet sind. Sie messen $8\,\mu \times 4\,\mu$ und resp. $5\,\mu \times 10\,\mu$.

Die darauf folgenden kleinen Pyramidenzellen bilden keine besondere Schicht, sondern gehen ganz allmählich in die Zellen der 3. Schicht über, die gegen den tiefsten Theil der Schicht hin an Grösse zunehmen und hier eine Grösse bis zu $20\,\mu \times 30\,\mu$ erreichen.

Da die Zellen der 4. Schicht entweder gänzlich fehlen oder auch blos in geringer Anzahl sich vorfinden, stösst man hier auf grosse Schwierigkeit, die untere Grenze der 3. Schicht zu bestimmen, aber da theils an Stelle der 4. Schicht Pyramidenzellen vorkommen, die kleiner sind als diejenigen im tiefsten Theile der 3. Schicht, und theils, wenigstens an manchen Stellen, einige unregelmässige Zellen von $4\,\mu \times 7\,\mu$ zwischen den Pyramidenzellen auftreten, kann diese Grenze im Allgemeinen bestimmt werden. Dieselbe Schwierigkeit besteht für die Bestimmung der untern Grenze der 4. Schicht, wo eine solche vorhanden ist, und für die obere Grenze der Ganglienzellenschicht. Aber auch dies wird im Allgemeinen möglich sein, da die Zellen der Ganglienzellenschicht grösser sind als die grossen Pyramidenzellen in der 4. Schicht. Diese Schwierigkeit, die untere Grenze der 3. Schicht zu bestimmen, ist der Grund, dass verschiedene Forscher gemeint haben, dass die 3. Schicht das ganze Gebiet zwischen der 1. Schicht und der Spindelzellenschicht umfasse.

Die 3. Schicht hat hier 1 mm Dicke. Die Zellen messen in der oberen Hälfte der Schicht $10-12\,\mu \times 15-25\,\mu$, die Anzahl der Zellen ist 15 in $[0,1\text{ mm}]^3$. In der tieferen Hälfte messen die Zellen $15-20\,\mu \times 25-30\,\mu$, ihre Zahl beträgt 12 in $[0,1\text{ mm}]^3$.

Die 4. Schicht ist 0,30 mm breit und die unregelmässigen Zellen messen $6\,\mu \times 8-10\,\mu$. Sie finden sich in einer Menge von 25 in $[0,1\text{ mm}]^3$.

Die Zellen in der *Ganglienzellenschicht*, die 0,40 mm breit ist, messen $10-15\,\mu \times 25\,\mu$ und finden sich in einer Menge von 15 in $[0,1\text{ mm}]^3$. Zwischen diesen mittelgrossen Pyramidenzellen treten an bestimmten Stellen Gruppen von grösseren Zellen auf, die sogen. Riesenzellen, 4 bis 5 Zellen in jeder Gruppe. Diese Zellen messen $35-40\,\mu \times 50-80\,\mu$. Diese Gruppen sind im parietalen Umfange der Windung lokalisirt, ausser an der Grenze gegen den Gyrus frontalis superior und medius, wo sich einige Zellgruppen im frontalen Umfang der Windung vorfinden. Am reichlichsten finden sie sich in dem zur medialen Hirnoberfläche gehörenden Theile der Windung.

Die *Spindelzellenschicht* ist 1,10 mm breit und aus Spindelzellen zusammengesetzt, die $5-10\,\mu \times 20-25\,\mu$ messen und in einer Zahl von 15 in $[0,1\ \text{mm}]^3$ vorkommen. Manchmal treten mitten in dieser Schicht vereinzelte Riesenzellen auf.

An den Seitenflächen der Windung sind die 4. Schicht und die Ganglienzellenschicht schmäler, aber enthalten eine grössere Anzahl Zellen in $[0,1\ \text{mm}]^3$. Die Spindelzellenschicht misst hier blos 0,20 mm an Dicke und der längste Durchmesser der Zellen liegt horizontal.

Gegen den untern Umfang der Windung hin nimmt die Grösse der grösseren Zellen in der 3. Schicht, sowie der Riesenzellen in der Ganglienzellenschicht ab, zugleich treten immer mehr unregelmässige und kleine Pyramidenzellen in der 4. Schicht auf, so dass eine solche Schicht immer deutlicher hervortritt.

Gegen den oberen Umfang der Windung und besonders im Lobulus paracentralis häufen sich an Stelle der 2. Schicht kleine pyramidale und unregelmässige Zellen und machen an manchen Stellen den Eindruck, als ob sie eine besondere, 0,10 mm breite Schicht bildeten. Die Zellen der 3. Schicht werden immer grösser und klumpiger, zugleich nimmt die Anzahl der Zellen in $[0,1\ \text{mm}]^3$ ab. Die 3., 4. und Ganglienzellenschicht von einander abzugrenzen, wird immer schwieriger und an den meisten Stellen unausführbar.

Der **Gyrus frontalis superior** kann hinsichtlich seines feineren Baues in 4 verschiedene Gebiete eingetheilt werden, die für Gehirne von Individuen desselben Entwicklungsgrades und Geschlechts dieselbe Ausdehnung haben.

Im ersten dieser Gebiete, das bei Erwachsenen ungefähr die hintern 2 Drittel des ganzen zur lateralen Hirnoberfläche gehörenden Theiles der Windung einnimmt, bei jüngeren Individuen aber kaum mehr als das hintere Drittel umfasst, hat die Rinde in der Windung folgende Zusammensetzung:

Die *1. Schicht*, die 0,23 mm dick ist, enthält blos einige wenige, kleinere Nervenzellen, von denen die im obern Theile der Schicht gelegenen ihren längsten Durchmesser horizontal haben und $15\,\mu \times 5\,\mu$ messen, während in der tieferen Hälfte der längste Durchmesser vertikal angeordnet ist und die Zellen $8\,\mu \times 10\,\mu$ messen. Sie kommen hier und da zerstreut vor, ohne regelmässige Ordnung, weshalb ihre Menge nicht genau bestimmt werden kann.

Nach der 1. Schicht beginnen kleine Pyramidenzellen, die 10 µ × 13 µ messen und keine distinkte 2. Schicht bilden, sondern allmählich in die Pyramidenzellen der 3. Schicht übergehen, mit welchen zusammen sie eine 0,60 mm dicke Schicht bilden. Die Zellen nehmen gegen die Tiefe hin an Grösse zu und messen in der oberen Hälfte der Schicht 10—12 µ × 15 — 20 µ, in der tieferen 15 — 20 µ × 25 µ. Sie kommen in der äusseren Hälfte in einer Menge von 10 in [0,1 mm]³ vor. Die untere Grenze der 3. Schicht ist schwer zu bestimmen, da eine distinkte 4. Schicht fehlt.

Unter den tiefen Pyramidenzellen beginnt eine 4. Schicht von vereinzelt stehenden kleinen Pyramidenzellen (10 µ × 20 µ) in einer Zahl von 5 in [0,1 mm]³, nebst einigen wenigen kleineren unregelmässigen und pyramidalen Zellen von 5 µ × 8 µ, ohne indessen in solcher Menge vorzukommen, dass sie an allen Stellen den Eindruck einer besonderen Schicht machen.

Nach dieser zellarmen Zwischenschicht (die die 4. Schicht vertritt) beginnt eine 0,70 mm dicke Schicht, die *Ganglienzellenschicht*, aus Pyramidenzellen bestehend, die nach den tieferen Theilen der Schicht zu an Grösse zunehmen und hier 20 µ × 25 — 30 µ messen und in einer Anzahl von 15 in [0,1 mm]³ vorkommen. Je näher man den Centralwindungen kommt, desto grösser werden diese Zellen und in der Wurzel des Gyrus frontalis superior findet sich eine Gruppe sogen. Riesenzellen, die 30 µ × 65 µ messen.

Dieser Schicht (die von Meynert und den meisten Autoren nicht erwähnt wird, und von Bevan Lewis Ganglienzellenschicht benannt wurde) zunächst beginnt eine 1,10 mm dicke Schicht, die *Spindelzellenschicht*, aus Spindelzellen bestehend, deren grösster Durchmesser vertikal liegt; sie messen 8 — 10 µ × 25 — 30 µ und kommen in einer Anzahl von 10 in [0,1 mm]³ vor.

An den Seitenflächen der Windung und im Boden eines Sulcus ist die Schicht etwas schmäler und besonders sind die Ganglienzellenschicht und die Spindelzellenschicht schmäler und machen den Eindruck, als ob sie zusammengepresst seien. Die Zellen in dieser Schicht stehen hier dichter als in der Kuppe der Windung und der grösste Durchmesser der Spindelzellen ist horizontal gerichtet.

Das 2. Gebiet, das bei älteren Individuen das vordere Drittel, bei jüngeren die vordern 2 Drittel des zur lateralen Hirnoberfläche gehörenden Theiles der Windung nebst dem grössten Theile des zur medialen Hirnoberfläche gehörenden Theiles (Gyrus marginalis) ausser dem dem Gyrus cinguli zunächst liegenden Gebiet umfasst, hat in der Kuppe der Windung folgenden Bau:

Die *1. Schicht* gleicht vollständig der entsprechenden Schicht in dem eben beschriebenen Gebiet.

Die darauf folgenden kleinen Pyramidenzellen, die $8\,\mu \times 10\,\mu$ messen, stehen dichter als in dem vorhergehenden Gebiete und bilden dadurch eine *2. Schicht* von 0,20 mm Dicke. Sie kommen in einer Anzahl von 40 in $[0,1\ \text{mm}]^3$ vor.

Die Schicht der grossen Pyramidenzellen (*die 3.*) ist hier schmäler als im vorhergehenden Gebiete, hat eine Dicke von 0,65 mm und ist aus Pyramidenzellen zusammengesetzt, die gegen die Tiefe der Schicht hin an Grösse zunehmen. Die Zellen messen $10-20\,\mu \times 20-25\,\mu$ und kommen in einer Anzahl von 15 in der oberen Hälfte und 12 in der tieferen in $[0,1\ \text{mm}]^3$ vor. Die grössten Zellen werden in den tiefsten Theilen der Schicht angetroffen, die wohl abgegrenzt ist gegen die Schicht der kleinen unregelmässigen Zellen.

Diese 0,25 mm dicke Schicht (*die 4.*) besteht aus $5\,\mu \times 8\,\mu$ grossen pyramidalen und unregelmässigen Zellen in einer Menge von 60 in $[0,1\ \text{mm}]^3$, nebst vereinzelten grossen ($20\,\mu \times 30\,\mu$) Pyramidenzellen.

Hierauf beginnt eine 0,25 mm dicke Schicht (*Ganglienzellenschicht*), zusammengesetzt aus grossen Pyramidenzellen, die $20-22\,\mu \times 30\,\mu$ messen und in einer Anzahl von 5 in $[0,1\ \text{mm}]^3$ vorkommen.

Die *Spindelzellenschicht* hat 0,35 mm Dicke und ihre Zellen sind $8-10\,\mu \times 25-30\,\mu$ gross und kommen in einer Anzahl von 20 in der oberen, von 15 in $[0,1\ \text{mm}]^3$ in der tieferen Hälfte vor.

An den Seitenflächen der Windung und im Boden eines Sulcus vermindert sich die Dicke der Schichten in bedeutendem Grade, besonders die der Spindelzellenschicht, die an manchen Stellen nicht mehr als 0,10 mm misst. Der grösste Durchmesser der Spindelzellen ist horizontal gerichtet. Die Dicke der Ganglienzellenschicht ist nicht so sehr vermindert und die etwas plattgedrückten Pyramidenzellen sind hauptsächlich an den Grenzen gegen die vorhergehende und die nachfolgende Schicht angehäuft.

Je mehr man sich der Spitze der Windung nähert, desto schmäler wird die Schicht und desto spärlicher und kleiner werden die Pyramidenzellen.

Das 3. Gebiet, das den zur orbitalen Hirnoberfläche gehörenden Theil der Windung (Gyrus olfactorius) umfasst, ist charakterisirt durch eine 0,20 mm dicke *1. Schicht*, eine wohlentwickelte *2. Schicht* mit 4 – 6 μ × 6 – 10 μ grossen Zellen, eine blos 0,30 mm dicke *3.*, eine aus kleinen (5 μ × 8 μ) Pyramidenzellen bestehende und 0,20 mm dicke *4. Schicht*, mit vereinzelten grossen Pyramidenzellen und eine 0,10 mm dicke *Ganglienzellenschicht* mit grossen Pyramidenzellen, hauptsächlich an der Grenzfläche gegen die vorhergehende Schicht. Die *Spindelzellenschicht* hat eine relativ grosse Dicke, indem sie 0,90 mm misst. Die Grösse und Menge der Zellen stimmt mit den entsprechenden Maassen im vorhergehenden Gebiete überein.

Das 4. Gebiet, das den gegen den Gyrus cinguli hin liegenden Theil der Windung umfasst, hat denselben Bau wie der Gyrus cinguli und wird am besten im Zusammenhang mit diesem beschrieben.

Der Gyrus frontalis medius kann hinsichtlich des feineren Baues in 2 verschiedene Gebiete eingetheilt werden.

Das 1., das den ganzen zur lateralen Hirnoberfläche gehörenden Theil der 2. Frontalwindung umfasst, hat in der Kuppe der Windung folgenden Bau:

Die *1. Schicht* ist 0,30 mm dick und gleicht der entsprechenden Schicht im Gyrus frontalis superior.

Hierauf folgt eine deutlich unterscheidbare 0,20 mm breite Schicht (*die 2.*) von kleinen Pyramidenzellen. Diese Zellen messen 8 μ × 10 μ und kommen in einer Anzahl von 60 in [0,1 mm]^3 vor.

Die Schicht der grossen Pyramidenzellen (*die 3.*) misst 1,30 mm an Dicke und die Zellen nehmen gegen die tieferen Theile der Schicht hin allmählich an Grösse zu. Sie messen in der oberen Hälfte 12 μ × 20 μ und in der tieferen 15 – 25 μ × 25 – 35 μ.

Hierauf beginnt eine 0,20 mm dicke Schicht (*die 4.*) von kleinen (3 μ × 10 – 15 μ) und schmalen pyramidalen, nebst einigen unregelmässigen Zellen, in solcher Anzahl (45 in [0,1 mm]^3), dass sie den Eindruck einer besonderen Schicht mit eingesprengten grössern Pyramidenzellen machen.

Die darauf folgende *Ganglienzellenschicht* ist 0,40 mm dick und aus 20 μ × 30 μ grossen Pyramidenzellen zusammengesetzt, die in einer Anzahl von 12 in [0,1 mm]^3 vorkommen.

Die zunächst folgende Schicht, die der *spindelförmigen Zellen*, ist 1 mm dick und aus Spindelzellen zusammengesetzt, die 8 – 10 μ × 25 – 30 μ an Grösse messen.

An den Seitenflächen der Windung haben die 3 ersten Schichten dieselbe Dicke und denselben Bau wie in der Kuppe der Windung. Die 4. und die Ganglienzellenschicht sind blos halb so dick als die entsprechenden Schichten in der Mitte des Querschnittes. Die Zellen der Ganglienzellenschicht liegen hauptsächlich an der Grenze gegen die vorhergehende Schicht. Zunächst der Grenze gegen die nächste Schicht finden sich blos einzelne grosse Pyramidenzellen, so dass ein zellenarmes Gebiet die Ganglienzellenschicht von der Spindelzellenschicht abzugrenzen scheint. Diese letztere Schicht kann hier an mehreren Stellen in 2 getheilt sein: eine oberflächlichere (0,40 mm) von Spindelzellen mit vereinzelten Pyramidenzellen, mit dem grössten Durchmesser vertikal, und eine tiefere (0,16 mm) mit spindelförmigen Zellen, deren längster Durchmesser horizontal liegt.

In der Nähe der Centralwindungen sind die Zellen der 2. und 4. Schicht spärlicher und zugleich nehmen die tiefsten Zellen in der 3. Schicht sammt denen der Ganglienzellenschicht an Grösse zu. Am Uebergange zur vorderen Centralwindung treten einige Gruppen von Riesenzellen auf, die $30\,\mu \times 70\,\mu$ messen.

Näher an der Spitze der Windung ist die 2. und 4. Schicht deutlicher ausgeprägt, zugleich nehmen sämmtliche Schichten, besonders die 3., an Dicke und Zellengehalt ab. Die tiefsten Zellen in der 3. Schicht sammt den Zellen der Ganglienzellenschicht werden immer kleiner, je mehr man sich der Spitze der Windung nähert.

Das 2. Gebiet, das den orbitalen Theil der Windung umfasst, ist durch schmale, lange und ungefähr gleich grosse Pyramidenzellen in der 3. Schicht charakterisirt. Sie messen $10\,\mu \times 25\,\mu$ an Grösse und kommen in einer Anzahl von 15 in $[0,1\text{ mm}]^3$ vor. Die Zellen der Ganglienzellenschicht sind spärlich an Zahl (12 in $[0,1\text{ mm}]^3$) und die Spindelzellenschicht ist relativ mächtig, mit breiten Spindelzellen, die $12\,\mu \times 25\,\mu$ messen.

Der **Gyrus frontalis inferior** kann hinsichtlich seines feineren Baues in 3 Gebiete eingetheilt werden.

Das erste, das den hinter dem aufsteigenden Schenkel der Fissura Sylvii liegenden Theil der Windung umfasst, hat in der Kuppe der Windung folgende Zusammensetzung:

Die *1. Schicht* hat 0,16 mm Dicke.

Eine deutlich ausgeprägte *2. Schicht* fehlt. Die kleinen Pyramidenzellen gehen allmählich in die *3. Schicht* über und bilden mit dieser zusammen eine 0,80 mm dicke Schicht. Die Zellen in den tiefsten Theilen dieser Schicht sind grösser als die übrigen und messen 22 μ × 30 μ, sie kommen in einer Anzahl von 15 in [0,1 mm]³ vor.

Die *4. Schicht* wird von zerstreut liegenden kleinen Pyramidenzellen gebildet, die 3 — 4 μ × 10 μ messen und in einer Anzahl von 30 in [0,1 mm]³ vorkommen. An manchen Stellen bilden sie keine gesonderte Schicht, sondern sind zwischen die Zellen der 3. und der folgenden Schicht eingestreut.

Die *Ganglienzellenschicht* misst 0,40 mm an Dicke und besteht hauptsächlich aus Pyramidenzellen, die 12 μ × 25 μ messen, mit vereinzelten grösseren, 20 μ × 30 μ. Zunächst an der vorderen Centralwindung finden sich einige Gruppen von Zellen, die 30 μ × 50 μ messen.

Die Schicht der spindelförmigen Zellen, die 0,50 mm misst, ist aus Spindelzellen zusammengesetzt, die 5 — 7 μ × 15 — 25 μ messen und in einer Anzahl von 15 in [0,1 mm]³ vorkommen.

An den Seitenflächen der Windung und im Boden eines Sulcus ist es oft schwer zu bestimmen, wie viel zur 3. und zur Ganglienzellenschicht gerechnet werden soll, da die 4. Zellenschicht wenig ausgeprägt ist und die Zellen der Ganglienzellenschicht von derselben Grösse sind wie die in den tiefsten Theilen der 3. Schicht. Die Schicht der Spindelzellen misst blos 0,10 mm an Dicke und ist aus Spindelzellen zusammengesetzt, die 20 μ × 8 μ messen, mit dem grössten Durchmesser horizontal.

Das 2 Gebiet, das sich vom aufsteigenden Schenkel der Fissura Sylvii bis zum Orbitaltheile der Windung erstreckt, hat eine schmale *1. Schicht* (0,10 mm) von demselben Bau wie an den übrigen Stellen des Frontallappens.

Eine 0,10 mm dicke *2. Schicht* wird aus kleinen Pyramidenzellen gebildet, die 8 μ × 10 μ messen und dicht stehen (60 in [0,1 mm]³. Die 1 mm dicke *3. Schicht* ist aus Pyramidenzellen gebildet, die 12 μ × 20 μ messen, sie sind in mehr oder weniger deutlichen Zellengruppen angeordnet, innerhalb welcher sich die Zellen mit ihren Spitzenfortsätzen zu verflechten scheinen. Im tiefsten Theile der Schicht finden sich spärliche grössere Zellen, die 25 μ × 35 μ messen.

Eine deutliche, 0,20 mm dicke *4. Schicht* findet sich gebildet aus kleinen Pyramidenzellen, die 6 μ × 10 μ messen und in einer Anzahl von 40 in [0,1 mm]³ vorkommen.

Die *Ganglienzellenschicht*, die 0,50 mm an Dicke misst, ist aus Pyramidenzellen zusammengesetzt, die 15 — 18 μ × 25 — 30 μ messen.

Die *Spindelzellenschicht* misst an Dicke 0,90 mm und gleicht der entsprechenden Schicht im vorhergehenden Gebiete.

An den Seitenflächen der Windung ist der Bau der Rinde derselbe wie in der Kuppe der Windung, mit der Ausnahme, dass die 4. Schicht und die Ganglienzellenschicht etwas schmäler sind mit einer grösseren Anzahl von Zellen in [0,1 mm]³, die Spindelzellenschicht hat nur 0,10 mm Dicke.

Das 3. Gebiet, das den orbitalen Theil der Windung umfasst, gleicht dem orbitalen Theile des Gyrus frontalis medius und wird durch schmale, lange, gleich grosse Pyramidenzellen in der 3. Schicht und der Ganglienzellenschicht charakterisirt und eine relativ mächtige Spindelzellenschicht.

Lobus parietalis.

Der obere Theil des Gyrus centralis posterior gehört nach BETZ zur motorischen Region.

Nach MEYNERT weichen die oberen und unteren Parietalwindungen nicht von dem gemeinsamen Typus ab.

Der Gyrus parieto-occipitalis und der Gyrus angularis sind auch nach BETZ nach dem gemeinsamen Typus gebaut, aber die 4. Schicht ist bedeutend mächtig, während die Schicht der spindelförmigen Zellen schwach entwickelt ist. Im Gyrus angularis ist an einigen Stellen die 3. Schicht in 2 über einander liegende Zonen getheilt, die durch eine Schicht kleiner Pyramidenzellen getrennt sind. Im Gyrus parieto-occipitalis finden sich vereinzelte grosse Pyramidenzellen.

Nach BEVAN LEWIS und OBERSTEINER soll die Parietalrinde dadurch charakterisirt sein, dass zwischen die 3. und 4. Schicht eine Lage dicht stehender kleiner Pyramidenzellen eingeschoben ist, die den Zellen der 2. Schicht gleichen.

Der **Gyrus centralis posterior** kann in 2 verschiedene Gebiete eingetheilt werden, die bezüglich ihres feineren Baues von einander abweichen.

Das erste, das das obere Sechstel der Windung umfasst, hat durchaus denselben Bau wie der Gyrus centralis anterior, es ist deshalb auf die Beschreibung dieser Windung hinzuweisen.

Das 2. Gebiet wird charakterisirt durch eine 0,20 mm dicke *1. Schicht*, eine 0,20 mm dicke Pyramidenzellenschicht (*2. und 3. Schicht*), aus fast gleich grossen Pyramidenzellen bestehend, die nach der Tiefe zu nicht nennenswerth an Grösse zunehmen und an der Stelle der 2. Schicht um dichtesten stehen, ohne doch den Eindruck zu machen, dass sie eine deutlich ausgeprägte Schicht bilden. Sie kommen in einer Anzahl von 20 in $[0,1 \text{ mm}]^1$ vor. Im tiefsten Theile der Pyramidenzellenschicht finden sich grössere Pyramidenzellen, die $20\,\mu \times 30\,\mu$ messen. Sie stehen dünn angeordnet in einer einfachen oder in 2 Reihen zwischen den kleineren Pyramidenzellen.

Die *4. Schicht* tritt hier deutlich hervor und misst $0,30$ mm an Dicke. Sie ist aus unregelmässigen und pyramidalen Zellen zusammengesetzt, die $6\,\mu \times 10\,\mu$ messen und in einer Anzahl von 60 in $[0,1 \text{ mm}]^1$ vorkommen. Ausserdem kommen vereinzelte grosse Pyramidenzellen vor.

Die *Ganglienzellenschicht* misst $0,40$ mm an Dicke und besteht aus Pyramidenzellen, die $16 - 18\,\mu \times 25\,\mu$ messen, nebst einigen grösseren ($20 - 22\,\mu \times 30\,\mu$) Pyramidenzellen, einzeln oder in kleineren Gruppen angeordnet.

Die *Spindelzellenschicht* misst $0,70$ mm und ist aus kleineren spindelförmigen Zellen zusammengesetzt, die $8 - 10\,\mu \times 25\,\mu$ messen und in einer Anzahl von 20 in $[0,1 \text{ mm}]^1$ vorkommen.

In den Seitenflächen der Windung sind die 4. Schicht und die Ganglienzellenschicht an Dicke reducirt (0,10, resp. 0,20 mm), aber sie enthalten mehr Zellen in $[0,1 \text{ mm}]^3$. Die Spindelzellenschicht ist um mehr als die Hälfte dünner als in der Kuppe der Windung und die Zellen haben hier ihren längsten Durchmesser horizontal.

Der Uebergang von dem einen Gebiete zu dem andern geschieht allmählich. An ältern Gehirnen erstreckt sich das erste Gebiet etwas weiter nach unten in der Windung als bei jüngeren. Im tiefsten Theile der Windung werden die Zellen der Spindelzellenschicht grösser und die Schicht nimmt an Mächtigkeit zu (0,90 mm). Am vordern Umfang des untersten Theils dieser Windung sind die Zellen der 3. Schicht grösser als in höher gelegenen Theilen, während die entsprechenden Zellen im hintern Umfang der Windung bedeutend kleiner sind und ungefähr von der Grösse der Zellen in der 2. Schicht.

Der **Gyrus parietalis superior** ist in der Kuppe der Windung charakterisirt durch eine *2. Schicht*, die 0,20 mm dick und aus Pyramidenzellen zusammengesetzt ist, die $6 - 8\,\mu \times 2\,\mu$ messen und in einer Anzahl von 35 in $[0,1 \text{ mm}]^1$ vorkommen, eine relativ schwach entwickelte *3. Schicht* von 0,70 mm Dicke, aus Pyramidenzellen bestehend, die $12 - 20\,\mu \times 20 - 30\,\mu$ messen und in einer Anzahl von 15 in $[0,1 \text{ mm}]^3$ vorkommen; eine mächtige, aus kleinen ($6 - 9\,\mu \times 9\,\mu$) Pyramidenzellen bestehende, $0,30$ mm dicke *4. Schicht* mit vereinzelten grösseren Pyramidenzellen; eine

0,65 mm dicke *Ganglienzellenschicht* mit Pyramidenzellen, die 20 μ × 30 μ messen und sich in einer Anzahl von 7 in [0,1 mm]² finden. Die *Spindelzellenschicht* ist relativ schwach entwickelt und misst blos 0,40 mm.

An den Seitenflächen der Windung sind die 4., die Ganglienzellen- und die Spindelzellenschicht reducirt, die letztere misst blos 0,10 mm an Dicke und die Zellen haben hier ihren grössten Durchmesser horizontal.

Im vorderen, dem Gyrus centralis posterior zunächst liegenden Theile sind die tiefsten Zellen der Schicht sammt einzelnen Zellen in der Ganglienzellenschicht grösser, sowie die 3. und 5. Schicht dicker, während die 4. Schicht weniger mächtig ist.

Gegen den hintern Theil hin, zunächst dem Occipitallappen (Gyr. transit. ext. sup.) ist die 3. Schicht schmäler und aus kleineren Pyramidenzellen zusammengesetzt, während die 4. Schicht immer mehr an Dicke zunimmt. An dem gegen den Gyrus cinguli hin liegenden Abschnitte der zur medialen Hirnoberfläche gehörenden Theile der Windung ist die Schicht der spindelförmigen Zellen dicker und die Spindelzellen sind grösser als in den übrigen Theilen der Windung.

Der **Gyrus parietalis inferior** hat denselben Bau wie die vorhergehende Windung in Bezug auf Grösse und Anzahl der Zellen. Im vorderen Theile (Gyrus parietalis inferior anterior) ist die *3. Schicht* mächtiger (1 mm) und im hintern Theile (Gyrus parietalis inferior posterior) nimmt in der Nähe des Occipitallappens die 3. Schicht an Dicke zu, gleichzeitig sammeln sich die in der mächtigen 4. Schicht befindlichen Pyramidenzellen mehr zu einer einfachen oder doppelten Reihe, wodurch die 4. Schicht wie in 2 Schichten getheilt scheint.

Lobus occipitalis.

Schon MEYNERT schied die Rinde in der Fissura calcarina und in der Spitze des Occipitallappens von dem gemeinsamen Typus ab. Die Pyramidenzellenschicht ist nach ihm hier bedeutend schmäler und schränkt sich ausschliesslich auf die 2. Schicht ein, während unregelmässige Zellen die Stelle sowohl der 3., als auch der 4. Schicht einnehmen. Dadurch, dass 2 Schichten dünn stehender unregelmässiger Zellen in diese Formation eingeschoben werden, geschieht es, dass dieselbe aus 5 Schichten besteht. In dieser zellenarmen Zwischenschicht finden sich einzeln stehende oder kleinere Haufen von grossen Pyramidenzellen, Meynerts Solitärzellen.

Nach Betz sind diese Zellen in Gruppen gelagert, in einer oder in 2 Reihen, 1 bis 2. selten 3 Zellen in jeder Gruppe. An den Uebergangswindungen und am oberen Rande des Occipitallappens liegen sie dichter als an den übrigen Stellen.

Nach Betz hat die Rinde im Gyrus lingualis, im angrenzenden Theile des Gyrus fusiformis, in der innern Fläche des Cuneus und der ganzen Spitze des Occipitallappens folgende Zusammensetzung: 1) Neurogliaschicht, 2) Kleinpyramidenzellenschicht, 3) 1. Kernschicht, 4) 1. Faserschicht, 5) 2. Kernschicht, 6) 2. Faserschicht, 7) eine Schicht von Pyramidenzellen, getrennt von einander durch grössere oder kleinere Zwischenräume, 8) die Spindelzellenschicht. An manchen Stellen findet sich auch eine 5. und eine 6. Schicht grosser Pyramidenzellen.

Je näher man dem Gyrus extremus kommt, verschwindet die 7. Schicht und an der Spitze des Occipitallappens mischen sich alle diese Schichten (3—7) mit einander und bilden eine fast gleichförmige Masse von Kernzellen. Von der Schicht der spindelförmigen Zellen findet sich hier nur ein schwacher Streifen.

In den übrigen Theilen der Occipitalwindungen haben die 2. und die 3. Schicht der Rinde denselben Bau wie die entsprechenden Schichten des gemeinsamen Typus. Oft finden sich Zellen von bedeutender Grösse, besonders mitten in der Windung.

Von späteren Autoren erwähnt Testut keine andere Abweichung der Occipitalrinde von dem gemeinsamen Typus, als dass in derselben blos kleine ·Zellen vorkommen. Ebensowenig erwähnt Schäfer etwas Anderes, als dass in der Fissura calcarina die grossen Pyramidenzellen sehr spärlich vorkommen und deren Platz von kleineren solchen Zellen eingenommen wird.

Nach Obersteiner hat die Occipitalrinde eine schmälere 1. Schicht als die Rinde in anderen Abschnitten; die 2. Schicht stimmt mit der entsprechenden Schicht des gemeinsamen Typus überein. In der 3. Schicht nehmen die Zellen nach der Tiefe hin nicht an Grösse zu, sondern es finden sich im tiefsten Theile dieser Schicht einzelne oder zu Gruppen vereinigte grosse Pyramidenzellen, die sogen. Solitärzellen. In der 4. Schicht, die hier breiter ist als an den übrigen Stellen, kommt eine zellenarme Schicht vor, in der ebenfalls Solitärzellen vorkommen.

Der **Gyrus occipitalis superior** kann hinsichtlich seines feineren Baues in 2 verschiedene Gebiete eingetheilt werden.

Das erste Gebiet, das den zur lateralen Hirnoberfläche gehörenden Theil der Windung mit Ausnahme der Spitze des Occipitallappens selbst umfasst, hat folgende Zusammensetzung:

Die *1. Schicht* misst 0,10 mm an Dicke; die *zweite* grenzt sich nicht von der *3.* ab, sondern bildet mit dieser zusammen eine 0,60 mm dicke Schicht gleichgrosser Pyramidenzellen, die $10-14\,\mu \times 25\,\mu$ messen und in einer Anzahl von 10 in [0,1 mm]^3 vorkommen. Im tiefsten Theile der Schicht kommen in einfacher Reihe mit längeren oder kürzeren Zwischenräumen angeordnete grössere Pyramidenzellen vor, die $20\,\mu \times 25-30\,\mu$ messen. Je weiter man nach hinten gegen die Spitze des Occipitallappens hin kommt, desto mehr werden diese Zellen von der 3. Schicht abgegrenzt, indem keine kleineren Pyramidenzellen zwischen diesen Zellen vorkommen, so dass sie in eine zellenarme Zwischenschicht zu liegen kommen.

Die Zellen der 4. Schicht füllen die Stelle der *4. Schicht* und auch die der *Ganglienzellenschicht* aus, weshalb diese beiden Schichten im vordern Theile der Windung nur mit Schwierigkeit von einander getrennt werden können, vielmehr eine 0,60 mm dicke Schicht bilden. An manchen Stellen können sie aber doch in 2 Schichten getrennt werden, da theils kleine Zellen in der 4. Schicht dichter gehäuft sind, theils grössere Pyramidenzellen in der Ganglienzellenschicht in grösserer Anzahl vorkommen. Gegen die Spitze des Occipitallappens hin werden die in der 4. Schicht befindlichen grösseren Zellen immer mehr in einer immer deutlicheren Reihe in der Tiefe der Schicht angeordnet, zugleich ziehen sich die kleinen Zellen zurück und lassen die erwähnten Zellen in einer zellenarmen Zwischenschicht liegen.

Ebenso werden in der Spitze des Occipitallappens die Zellen der Ganglienzellenschicht in einer immer deutlicheren Reihe in der Tiefe dieser von kleinen Zellen erfüllten Schicht angeordnet, zugleich ziehen sich diese zwischen den grösseren Zellen liegenden kleinen Zellen von diesen zurück, wodurch auch diese näher an der Spitze des Orbitallappens an Grösse zunehmenden Zellen in eine zellenarme Zwischenschicht zu liegen kommen. Auch in der Mitte der 3. Schicht können einzelne grössere Pyramidenzellen auftreten.

Die *Spindelzellenschicht* misst 0,30 mm und ist aus Spindelzellen zusammengesetzt, die $9\,\mu \times 20\,\mu$ messen und in einer Anzahl von 20 in [0,1 mm]^3 vorkommen.

An den Seitenflächen der Windung sind die Schichten etwas schmäler.

Das zweite Gebiet, das den ganzen zur medialen Hirnoberfläche gehörenden Theil der Windung (Cuneus) nebst der Spitze des Occipitallappens selbst umfasst, wird durch eine *Pyramidenzellenschicht* charakterisirt, die 0,70 mm misst und aus kleinen gleichgrossen Zellen besteht, die 10 μ × 14 μ messen und in einer Anzahl von 40 in [0,1 mm]³ vorkommen. Im tiefsten Theile der Schicht können einzelne grössere (20 μ × 30 μ) Pyramidenzellen auftreten und in der Mitte oder gewöhnlich etwas unter der Mitte dieser Schicht (die der 2. und 3. *Schicht* in andern Rindengebieten entspricht) tritt bisweilen eine 0,20 mm breite Zwischenschicht auf, in der obern Hälfte aus kleinen Pyramidenzellen (6 μ × 9 μ) bestehend, in der tieferen Hälfte aus grossen Pyramidenzellen, die 25 μ × 40 μ messen, nebst einer geringeren Anzahl 6 — 10 μ × 12 — 14 μ grossen Pyramidenzellen.

Darauf beginnt eine 0,50 mm breite *4. Schicht*, die in der oberen Hälfte aus Pyramidenzellen besteht, die 4 μ × 7 μ messen und sich in einer Menge von 90 in [0,1 mm]³ vorfinden, in der tieferen Hälfte besteht sie aus 8 μ × 10 μ grossen Zellen nebst Pyramidenzellen, die 22 — 25 μ × 30 μ messen und einzeln in einfacher Reihe vorkommen. Die *Ganglienzellenschicht*, die 0,50 mm an Dicke misst, ist zusammengesetzt aus Pyramidenzellen, die 10 — 15 μ × 20 μ messen und in einer Anzahl von 35 in [0,1 mm]³ vorkommen, nebst einzelnen grösseren Pyramidenzellen, die 20 — 22 μ × 30 μ messen. Die *Spindelzellenschicht* ist 0,50 mm dick und besteht aus Spindelzellen, die 8 μ × 20 μ messen und in einer Anzahl von 15 in [0,1 mm]³ vorkommen.

An den Seitenflächen der Windung und im Boden eines Sulcus sind die Schichten bedeutend reducirt. So messen im Boden eines Sulcus die beiden Hälften der Pyramidenschicht 0,30 mm, die 4. Schicht 0,10, die Ganglienzellenschicht 0,25 mm und die Spindelzellenschicht kaum 0,05 mm. (Bei den Maassen der verschiedenen Schichten sind die zu jeder Schicht gehörenden kleinen zellenarmen Zwischenzonen mit den darin befindlichen grossen Pyramidenzellen mit eingerechnet).

Auf kürzeren Strecken, wie z. B. an einer Stelle in der Spitze des Occipitallappens, fehlen die grossen Pyramidenzellen ganz und gar und da die Zellen der Pyramidenzellenschicht nebst denen der 4. Schicht und der Ganglienzellenschicht ungefähr gleich gross und oft von denselben Aussehen sind, kann man leicht den Eindruck erhalten, dass die ganze Rinde nur aus der 1., der 4. Schicht nebst der Spindelzellenschicht gebildet sei. Bei näherer Betrachtung aber können ohne irgend eine weitere Schwierigkeit die verschiedenen Schichten von einander unterschieden werden. Die Grenze zwischen der Ganglienzellenschicht und der 4. Schicht wird durch eine zellenarme Zwischenschicht (den untern Theil der 4. Schicht) markirt. Die obere Grenze der 4. Schicht ist schwerer zu bestimmen und oft blos durch die unbedeutende Verschiedenheit der Grösse der Zellen in beiden Schichten angedeutet. Irgend ein Unterschied zwischen der 2. und 3. Schicht kann nicht festgestellt werden. Manchmal deutet ein hellerer (zellenärmerer) Streifen in der Mitte der Pyramidenzellenschicht deren Theilung in 2 Schichten an. Die helleren Streifen werden in dem übrigen Gebiete von den vorher beschriebenen grossen Pyramidenzellen eingenommen.

Im entsprechenden Gebiet an den Seitenflächen der Windungen sind die Zellen in der tieferen Hälfte der Pyramidenzellenschicht bedeutend geringer an Zahl und die ganze untere Hälfte der Schicht macht den Eindruck, als sei sie eine ungewöhnlich breite Zwischenschicht, aber nur der obere Theil dieser zellenarmen Schicht entspricht der oben beschriebenen Zwischenschicht. Die grossen Pyramidenzellen liegen auch in der Mitte, sowie an der untern Grenze dieser zellenarmen Schicht. Die Spindelzellenschicht ist an den Seitenflächen der Windung an manchen Stellen in 2 Theile getheilt, von denen der obere aus vertikal gestellten Pyramiden- und Spindelzellen besteht, während der tiefere aus kleinen horizontal gestellten Zellen zusammengesetzt ist. Die zur Ganglienzellenschicht gehörenden grossen Pyramidenzellen liegen an den Seitenflächen in der Regel an der Grenze zwischen dieser und der Spindelzellenschicht.

Nach dem vordern und obern Umfang des zur medialen Gehirnoberfläche gehörenden Theils der Windung zu nimmt die Rinde denselben Bau an, wie an der lateralen Fläche. Im vordern Theile wird die Spindelzellenschicht mächtiger.

Der **Gyrus occipitalis externus** hat im Allgemeinen denselben Bau, wie der laterale Theil des Gyrus occipitalis superior.

Der **Gyrus occipitalis inferior internus** hat denselben Bau, wie der mediale Theil des Gyrus occipitalis superior. Nach dem vorderen Theile der Windung zu, sowie in dem an die vorhergehende Windung angrenzenden Theile werden die meisten Zellen der 3. Schicht grösser und die Pyramidenzellen in der Mitte und in der Tiefe der 3. Schicht, sowie in der Tiefe der 4. Schicht und der Ganglienzellenschicht werden kleiner, sind nicht mehr in einer einfachen Reihe angeordnet und kommen zwischen die übrigen Zellen der Schicht gemischt vor.

Lobus temporalis.

Nach BETZ wird die Rinde in den 3 Temporalwindungen durch eine mächtige 5. Schicht und kleine Zellen in der 3. Schicht charakterisirt. Im Polus temporalis sind die Pyramidenzellen der 3. Schicht in Gruppen geordnet unter der 1. Schicht, wie in der Spitze der Ammonswindung.

Von den Verfassern der neuesten Lehrbücher wird die genannte mächtige 5. Schicht als charakteristisch für die Temporalwindungen erwähnt.

Der **Gyrus temporalis superior** hat in der Kuppe der Windung folgende Zusammensetzung:

Die *1. Schicht* misst 0,20 mm an Dicke und enthält vereinzelte kleine Nervenzellen ohne charakteristische Anordnung.

Die *2. Schicht* ist nicht deutlich von der *3.* abgegrenzt, sondern bildet mit dieser zusammen eine 0,50 mm dicke Schicht von kleinen Pyramidenzellen, die im tieferen Theile der Schicht etwas an Grösse zunehmen und in der oberen Hälfte $9\,\mu \times 15\,\mu$, in der unteren Hälfte $12\,\mu \times 22\,\mu$ messen. Ihre Anzahl ist 25, resp. 15 in $[0,1\;\text{mm}]^3$. Zwischen diesen Zellen treten im tiefsten Theile der Schicht grosse Pyramidenzellen auf, die $20\,\mu \times 30\,\mu$ messen, in einfacher oder doppelter Reihe.

Die *4. Schicht*, die 0,20 mm an Dicke misst, ist zusammengesetzt aus kleinen pyramidalen und unregelmässigen Zellen, die in einer Anzahl von 45 in $[0,1\;\text{mm}]^3$ vorkommen.

Die *Ganglienzellenschicht* misst 0,40 mm an Dicke und ist zusammengesetzt theils aus kleineren, $10\,\mu \times 18\,\mu$ grossen Pyramidenzellen, theils aus grösseren Pyramidenzellen, die $20\,\mu \times 30 - 35\,\mu$ messen.

Die *Spindelzellenschicht* ist hier mächtig und misst 1,20 mm an Dicke. Sie ist aus Spindelzellen zusammengesetzt, die $9\,\mu \times 30\,\mu$ messen und sich in einer Anzahl von $15 - 20$ in $[0,1\;\text{mm}]^3$ finden.

An den Seitenflächen der Windung sind die 4., die Ganglienzellen- und die Spindelzellenschicht an Dicke reducirt. In der letzteren, die 0,40 mm misst, sind die Zellen mit dem längsten Durchmesser horizontal angeordnet.

Gyrus temporalis medius, inferior und **internus** unterscheiden sich vom vorhergehenden dadurch, dass sämmtliche Zellen der *3. Schicht* und der *Ganglienzellenschicht* grösser sind und dass sich keine einzelnen grossen Pyramidenzellen finden. Bisweilen findet sich eine deutlich ausgeprägte 2. Schicht, aus kleinen Pyramidenzellen gebildet, die den in der ganzen Pyramidenzellenschicht im Gyrus occipitalis superior vorkommenden gleichen. Im vorderen Umfange dieser Windung finden sich unter der 1. Schicht regelmässig angeordnete Haufen von grossen Pyramidenzellen, wie im vorderen Umfange des Gyrus hippocampi.

Lobus falciformis [1]).

Das Cornu Ammonis, dessen eigenthümlicher Bau schon von PURKINJE und KÖLLIKER beobachtet worden ist, wurde zum ersten Male vollständiger von KUPFFER beschrieben, welcher folgende Schichten unterscheidet: 1) Stratum fibrarum nerv., 2) Stratum moleculare primum, 3) Stratum cellulosum, 4) Stratum reticulare, 5) Stratum moleculare secundum und 6) Stratum granulosum. Nach MEYNERT besteht die Rinde hier aus einer mächtigen 1. Schicht (Kerablatt) mit kleinen, eingestreuten Nervenzellen, und einer 2. Schicht (Stratum lacunosum), welche zum grössten Theile aus einem anastomosirenden Capillarnetz besteht, umgeben von einem dichten Netz von perivasculären Räumen. Nervenzellen fehlen vollständig, aber die Schicht ist durchsponnen von einem Netzwerk von Ausläufern aus den Pyramidenzellen der inneren Hälfte der 3. Schicht. Die äussere Hälfte der 3. Schicht (Stratum radiatum) wird von Spitzenfortsätzen aus den in der inneren Hälfte der Schicht befindlichen, in mehreren Reihen über einander angeordneten Pyramidenzellen gebildet. Die 3. und 5. Schicht fehlen ganz, weshalb die Pyramidenzellenschicht hier unmittelbar an die Marklamelle (Alveus) grenzt.

Die zusammengerollte Lamelle im Innern des eigentlichen Cornu Ammonis besteht nur aus grossen Pyramidenzellen, aber im Gebiet der Fascia dentata treten kleine dichtstehende Zellen (Stratum corp. nerv. art.) auf.

Nach BETZ nimmt am Uebergang des Gyrus cinguli zum Gyrus hippocampi die Schicht grosser Pyramidenzellen des ersteren an Dicke zu. Die Kernschicht des Gyrus cinguli wird die Kernschicht der Ammonswindung und die weisse Markfaserschicht im Gyrus cinguli wird die

---

1) Hier wird eine Abweichung von Clasons Eintheilung gemacht, indem der Gyrus hippocampi und der Gyrus cinguli zusammengefasst werden.

Substantia reticularis alba in der Ammonswindung, sowie weiterhin das Kernblatt (Meynert). Am Ende der Ammonswindung sind die Zellen der 3. Schicht in Gruppen geordnet unmittelbar unter der 1. Schicht, die von Betz sogen. Glomeruli corticales.

Golgi giebt folgende Beschreibung vom Bau des Ammonshorns: 1) Alveus, Marklamelle, 2) Stratum convolutum mit Pyramidenzellen in 2 oder 3 Reihen. Diese Schicht ist die Fortsetzung der Rinde im Gyrus hippocampi. Ihr mittelster Theil entspricht Meynert's Stratum radiatum, sowie der tiefere Theil dem Stratum lacunosum. Der äusserste, unter der Fascia dentata gelegene Theil enthält eine grosse Zahl Pyramidenzellen, die dicht gestellt sind, so dass die Zellconturen schwer zu erkennen sind. Die 3. Schicht (Lamina medullaris circumvoluta) ist die Fortsetzung der 1. Schicht im Gyrus hippocampi. Als 4. Schicht wird die Fascia dentata Tarini beschrieben, gebildet aus kugelförmigen oder ovalen, regelmässig, bisweilen in mehreren Serien angeordneten Zellen.

Von Schäfer wird angegeben, dass die grossen Pyramidenzellen in der Fascia dentata unregelmässig angeordnet sind, umgeben von einem unvollständigen Ring kleiner, dicht zusammengedrängter Pyramidenzellen (Stratum granulosum).

Obersteiner giebt folgende Darstellung vom Bau der Rinde in diesem Gebiete: Im Gyrus hippocampi ist die 1. Schicht breiter als in andern Gebieten, was auf einer Vermehrung der oberflächlichen Markfasern (Substantia reticularis) beruht. Die kleinen Pyramidenzellen der 2. Schicht sind nicht in einer gleichförmigen Schicht angeordnet, sondern bilden eine Kette von Zacken, die sich zwischen die Faserbündel in der vorhergehenden Schicht einpassen. In der 3. Schicht finden sich fast ausschliesslich grössere Pyramidenzellen. Die 4. und 5. Schicht sind reducirt.

Im Cornu Ammonis selbst finden sich folgende Schichten: 1) das Kernblatt, 2) das Stratum moleculare, welche zusammen der 1. Schicht des gemeinsamen Typus entsprechen, 3) das Stratum lacunosum (2. Schicht im gemeinsamen Typus), 4) das Stratum radiatum, 5) das Stratum cellulosum pyramidale, welche beiden letzteren zusammen die 3. Schicht des gemeinsamen Typus bilden, 6) das Stratum oriens (5. Schicht), 7) der Alveus, 8) die Ependymschicht.

Die Fascia dentata enthält folgende Schichten: 1) das Stratum marginale, die Fortsetzung des Kernblatts, 2) das Stratum moleculare (1. Schicht des gemeinsamen Typus), 3) das Stratum granulosum, 4) der Nucleus fasciae dentatae mit Pyramidenzellen.

SALA, der mit Golgi's Methode arbeitete, beschreibt dieselben Schichten wie Golgi und beschäftigt sich, ebenso wie die übrigen Forscher, die Golgi's Methode anwendeten, hauptsächlich mit Zellfortsätzen und Nervenfasern.

Der Gyrus cinguli besteht nach BETZ ausschliesslich aus der 1. und 5. Schicht und einzelnen kleinen Zellen der 2. Schicht. Die spindelförmigen Zellen in der 5. Schicht sind 2—3 Mal so gross als die entsprechenden Zellen im gemeinsamen Typus und stehen auch im Boden eines Sulcus so angeordnet wie in der Mitte der Windung. Näher am Genu corporis callosi werden diese Zellen von dicht gehäuften Zellen in der 2. Schicht verdrängt. An der Mitte der Windung tritt wieder die Kernschicht mit den Pyramidenzellen der 3. Schicht auf, die kleiner als in andern Rindengebieten sind.

Die Rinde wird gegen das Corpus callosum hin dünner und besteht hier im hintern Theil der Windung aus 3 Schichten: 1) die tiefsten longitudinalen Markfasern, 2) eine Schicht von kleinen Nervenzellen und 3) eine Schicht von Pyramiden- und Spindelzellen von bedeutender Grösse.

Nach OBERSTEINER gleichen die 1. und 2. Schicht den entsprechenden Schichten im gemeinsamen Typus. Im äussern Theil der 3. Schicht finden sich blos wenige kleine Pyramidenzellen, im mittelsten Theile kommen gleichfalls Nervenzellen vor und im innern Theile mittelgrosse Pyramidenzellen. Die 4. Schicht bietet nichts Charakteristisches; die 5. Schicht ist wenig entwickelt.

Die Verdünnung der Rinde gegen das Corpus callosum hin beruht nach OBERSTEINER hauptsächlich auf einer Reduktion der 3. Schicht. Im Ligamentum tectum und in grösserer Anzahl in der Stria logitudinalis, kommen einzelne kleinere Nervenzellen vor.

Der **Gyrus hippocampi** hat in seiner äusseren Hälfte denselben Bau wie die Temporalwindungen, nur ist die *1. Schicht* bedeutend mächtiger (0,40 mm). Je mehr man sich dem innern Umfang der Windung nähert, desto dicker wird die 1. Schicht und sendet dicke Nervenbündel in die Pyramidenzellenschicht hinein (die hier nicht in eine *2.* und *3.* Schicht differenzirt werden kann). Dadurch wird das obere Drittel der Pyramidenzellenschicht von der übrigen Schicht abgesprengt und bildet grössere und kleinere Zelleninseln unter der 1. Schicht. Die Zellen in diesen Gruppen haben dieselbe Grösse wie die entsprechenden Zellen in der äusseren Hälfte der Pyramidenzellenschicht in mehr lateralen Theilen der Windung und sind im Allgemeinen so angeordnet, dass ihre Fortsätze nach dem Mittelpunkt der Gruppe gerichtet sind. Die Zellen in den tieferen 2 Dritteln der Pyramidenzellenschicht haben dieselbe Grösse und Anordnung, wie die entsprechenden Zellen in mehr lateralen Theilen der Windung.

Hierauf folgt eine zellenarme Schicht (*die 4.*) mit vereinzelten kleinen Pyramiden- oder unregelmässigen Zellen.

Die *Ganglienzellenschicht* und die *Spindelzellenschicht* sind an Dicke reducirt.

Mehr medial wird es unmöglich, ferner die tiefere Hälfte der Pyramiden- und der Ganglienzellenschicht zu unterscheiden, sie bilden vielmehr zusammen eine ungefähr 0,50 mm mächtige, aus grossen und langen Pyramidenzellen bestehende Schicht zwischen der äussern Hälfte der 3. Schicht, die aus kleinen Pyramidenzellen und der sehr reducirten Spindelzellenschicht gebildet ist. An den Stellen, wo die Nervenbündel aus der mächtigen 1. Schicht in die Pyramidenzellenschicht hinein gesendet werden, wird diese aus kleinen Pyramidenzellen bestehende äussere Hälfte der Pyramidenzellenschicht von der aus grossen Pyramidenzellen bestehenden tieferen Hälfte abgesprengt und zugleich mit der Verdünnung der Rinde rücken diese Zellen theilweise nach oben in die Lücken zwischen den Gruppen von kleinen Zellen, wodurch die für das Subiculum charakteristische Anordnung von abwechselnd klein- und grosszelligen Zellengruppen entsteht.

Weiter nach innen verschwinden die aus kleinen Zellen bestehenden Gruppen, zugleich wird die Grosszellenschicht immer mehr verdünnt und die Spindelzellenschicht wird nur durch einige einzeln stehende horizontale Spindelzellen repräsentirt, die in einfacher oder doppelter Reihe angeordnet sind.

Die aus Nervenzellen bestehende Schicht im Cornu Ammonis, die dem unteren Theile der Pyramidenzellenschicht sammt der Ganglienzellenschicht entspricht, wird gegen das Seitenhorn hin begrenzt von einer 0,50 mm dicken Marklamelle (Alveus), sowie in entgegengesetzter Richtung von einer 0,50 mm dicken zellenfreien Schicht, die der oberen Hälfte der Pyramidenzellenschicht sammt der 1. Schicht entspricht.

In der Fascia dentata misst die äussere zellenfreie Schicht, die der 1. Schicht entspricht, 0,30 mm; die darauf folgende, aus kleinen runden und bipolaren Zellen bestehende Schicht, die der äussern Hälfte der Pyramidenzellenschicht entspricht, misst 0,10 mm; die darauf folgende (halbe Dicke des Nucleus), aus grossen, irregulären und pyramidalen Zellen bestehende Schicht, die der tieferen Hälfte der Pyramidenzellenschicht und Ganglienzellenschicht entspricht, misst 0,30 mm an Dicke.

Im vordersten Theile der Windung wird eine ähnliche Anordnung der Zellen der Pyramidenzellenschicht wahrgenommen wie im Subiculum cornu Ammonis. Die kleinzelligen Gruppen sind auch hier durch Absprengung von der übrigen Schicht gebildet, aber die grosszelligen, die entweder neben oder unter den vorigen liegen können, machen hier nicht sämmtliche Zellen in der tieferen Hälfte der 3. und der Ganglienzellenschicht aus, sondern eine zellenarme, aus etwas kleineren Pyramidenzellen bestehende Schicht trennt hier diese Gruppen von der relativ mächtigen Spindelzellenschicht.

Gyrus cinguli. Die zunächst auf die *1. Schicht* folgenden kleinen Pyramidenzellen machen eine ungefähr 0,30 mm dicke Schicht der Rinde aus; hierauf folgt eine ungefähr gleich dicke Schicht von grossen *Pyramidenzellen* und nach dieser eine 0,70 mm dicke *Spindelzellenschicht*. Da die 4. Schicht hier ganz fehlt, macht es grosse Schwierigkeit, zu bestimmen, wie viel von der Schicht der grossen Pyramidenzellen zur 3. und zur Ganglienzellenschicht gehört. An manchen Stellen aber kann diese Schicht in 2 ungefähr gleich grosse Theile getheilt werden, von denen der äussere etwas kleinere und dichter gehäufte Zellen enthält, als der innere.

Die Zellen in dieser Schicht sind im Allgemeinen so zu sagen klumpiger und nicht so typisch pyramidal, wie in andern Rindengebieten, und an mehreren Stellen gleichen sie grossen Spindelzellen. Sie messen $20\,\mu \times 30\,\mu$ und kommen in einer Anzahl von 12 in $[0{,}1\text{ mm}]^3$ vor. Es ist klar, dass Betz diese Zellen als Spindelzellen aufgefasst hat, und er giebt an, dass sie auch im Boden eines Sulcus vertikal stehen, was die Spindelzellen doch in der Regel nicht thun.

Die *Spindelzellen* messen $12\,\mu \times 30 - 40\,\mu$ und sind relativ dicht gehäuft in einer 0,20 mm dicken Schicht.

Nach dem hintern Umfang der Windung zu treten die Zellen der *4. Schicht* auf, durch die die Spindelzellenschicht und die Ganglienzellenschicht von einander getrennt werden.

Nach dem Corpus callosum zu verdünnen sich alle Schichten und zugleich nimmt die Grösse der Zellen ab. Nahe an der Uebergangsstelle findet sich blos eine schmale 1. Schicht, eine aus gleichgrossen Zellen bestehende Pyramidenzellenschicht und eine ungefähr 0,30 mm breite Spindelzellenschicht aus horizontal gestellten Zellen. Im tieferen Theil der Pyramidenzellenschicht finden sich vereinzelte grössere Pyramidenzellen. In der grauen Substanz am Corpus callosum finden sich vereinzelte, unregelmässige, kleine Nervenzellen, in grösserer Menge gehäuft in der Stria longitudinalis.

Lobus centralis.

Die Insularinde oder die Rinde in der Fissura Sylvii und um dieselbe herum ist nach MEYNERT charakterisirt durch die mächtige, aus Spindelzellen bestehende Schicht, die unter dem Namen Claustrum von innen die Windungen in der Insula bekleidet und in die die Fossa Sylvii begrenzende Rinde übergeht und nach MEYNERT nichts Anderes ist, als eine compakte Anhäufung von Zellen aus der tiefsten Rindenschicht.

Nach BETZ wird die Insularinde durch grosse Zellen in der 5. Schicht charakterisirt, den Claustrumzellen ähnlich, sowie durch haufenweise angeordnete kleine Pyramidenzellen mit langen Spitzenfortsätzen in der 2. und 3. Schicht. An der Wurzel des Operculum Blumenbachii finden sich bisweilen bei Erwachsenen grosse, Riesenzellen ähnliche Pyramidenzellen in der 3. Schicht.

OBERSTEINER hebt (nach H. Major) hervor, dass die Rinde in der Insula nicht von dem gemeinsamen Typus abweicht.

Nach MONDINO ist das Claustrum die Fortsetzung und der Schluss der Rinde des Temporallappens und besteht peripherisch aus Spindelzellen, aber in der Mitte aus mannigfach gestalteten Zellen, die oft Pyramidenzellen gleichen.

Die Rinde in den **Gyri breves** hat folgende Zusammensetzung:

Die *Pyramidenzellenschicht* misst 0,70 mm in der Dicke und enthält Zellen, die $8-10\,\mu \times 10-15\,\mu$ messen und in einer Anzahl von 30 in $[0,1\text{ mm}]^3$ vorkommen.

Die *4. Schicht* ist wenig ausgeprägt und misst 0,18 mm in der Dicke.

Die *Ganglienzellenschicht* misst 0,40 mm und besteht aus Zellen, die $10\,\mu \times 15\,\mu$ messen und in einer Anzahl von 35 in $[0,1\text{ mm}]^3$ vorkommen.

Die *Spindelzellenschicht* ist mächtig und misst 0,90—1,20 mm in der Breite, sie enthält Zellen, die $4-8\,\mu \times 20\,\mu$ messen und sich in einer Anzahl von 28 in $[0,1\text{ mm}]^3$ finden.

Am Uebergange zu den Frontal- und Centralwindungen werden die Zellen immer grösser und die Rinde nimmt ungefähr denselben Bau an, wie im orbitalen Theile des Gyrus frontalis inferior.

Nachdem ich nun über die den normalen Bau der Hirnrinde betreffenden Untersuchungen berichtet habe, die ich dem Studium der pathologischen Verhältnisse derselben vorausschicken zu müssen glaubte, gehe ich nun über zu einem Bericht meiner Studien über die Veränderung der Hirnrinde bei Formen von Idiotie.

III.

Unter dem Begriff *Idiotie* sind hier sämmtliche psychische Schwächezustände zu verstehen, die nach Krankheiten entstanden sind, die das Gehirn während des Fötallebens, während der Geburt oder im früheren Kindesalter getroffen haben.

Psychologisk-klinisch sind die Formen der Idiotie wohl charakterisirt. Nach der gebräuchlichsten, hier angewendeten Eintheilung (die unter Anderen von SCHÜLE in Ziemssen's Handbuch aufgestellt ist) werden die Idioten in 2 Gruppen getheilt:

A) *Blödsinnige*, denen Auffassung und Bewusstsein fehlt und die zu psychischer Entwicklung unfähig sind; sowie

B) *Schwachsinnige*, die zwar Auffassung und Bewusstsein haben, deren psychische Entwicklung aber in einem abnorm frühen Stadium stehen geblieben ist.

Die letztere Gruppe wird eingetheilt in:

1) *in hohem Grade Schwachsinnige*, nicht Bildungsfähige, deren psychische Entwicklung in einem Stadium stehen geblieben ist, das durch die früheste Kindheit (1.—5. Lebensjahr) charakterisirt ist; sowie

2) *mässig und in geringem Grade Schwachsinnige*, Bildungsfähige, deren psychische Entwicklung in einem späteren Stadium stehen geblieben ist, das zwar nur schwer mit den Stadien des normalen Kindesalters verglichen werden kann, das aber doch im Allgemeinen zwischen das 6. und 12. Lebensjahr verlegt werden kann.

Uebergänge sind zwischen den verschiedenen Gruppen vorhanden und innerhalb jeder dieser Gruppen lassen sich verschiedene Unterabtheilungen aufstellen.

Mannigfache Versuche sind gemacht worden, die klinischen Symptome auf pathologische Processe im Gehirn zurückzuführen, und vor Allem ist der Grösse, der Form und der makroskopischen Beschaffenheit des Gehirns die grösste Aufmerksamkeit zugewendet worden.

Da sich aber hierbei gefunden hat, dass bei derselben Veränderung des Gehirns die verschiedensten klinischen Symptome vorkommen können, wird vom *klinisch-pathologischen* Gesichtspunkte aus eine derartige Eintheilung unmöglich, selbst wenn dieselbe, *pathologisch-anatomisch* betrachtet, berechtigt sein kann.

In den neueren Zeiten hat sich die Aufmerksamkeit der Forscher immer mehr den feineren Veränderungen der Hirnrinde zugewendet und es sind mehrere mikroskopische Untersuchungen der Hirnrinde bei Idioten ausgeführt worden.

Aber diese Untersuchungen sind hauptsächlich auf Form und Beschaffenheit, Grösse und Anordnung der Rindenelemente im Allgemeinen gerichtet gewesen und die Beschreibungen hatten die Rinde; in ihrer Gesammtheit als ein gleichförmiges Gebilde im Auge.

Allerdings hat der oder jener von den Autoren betont, dass die Veränderung an einer Stelle des Gehirns ausgeprägter war oder einen andern Charakter hatte, als an einer anderen, aber eine erschöpfende und in das Einzelne gehende Untersuchung der Hirnrinde im speciellen Fall ist bisher nicht ausgeführt worden, ebensowenig sind die gefundenen Veränderungen mit genau und bis in das Einzelne bekannten klinischen Symptomen zusammengestellt worden.

Dass derartige Untersuchungen bisher nicht ausgeführt worden sind, dürfte darauf beruhen, dass die Verschiedenheiten im Bau der normalen Hirnrinde nicht bekannt waren und dass Methoden zur Untersuchung theilweise fehlten. Vor Allem in denjenigen Fällen, die durchaus normale Verhältnisse ausser bezüglich der Anzahl der Zellenelemente zeigten, mussten manche Veränderungen bisher der Beobachtung sich entziehen oder, wenn sie wahrgenommen wurden, konnten blos gröbere Abweichungen, und diese auch nur andeutungsweise, angegeben werden.

Erst nachdem diese Schwierigkeiten überwunden worden sind, der normale Bau der Rinde genauer bekannt und eine Methode, die Anzahl der Zellen exakt zu bestimmen, angegeben ist, kann eine erschöpfende Untersuchung der Veränderungen der Hirnrinde in den speciellen Fällen vorgenommen werden und erst durch ein auf diesem Wege gewonnenes Material können wir hoffen, tiefer in das Wesen der Idiotie einzudringen und in den Stand gesetzt zu werden, eine erschöpfende *klinisch-pathologische* Eintheilung dieser Formen aufzustellen.

Nachdem eine solche vorbereitende Arbeit in Abtheilung I und II dargelegt worden ist, wird nun in dieser Abtheilung über meine zu dem angegebenen Zwecke unternommenen Untersuchungen, die specielle Fälle von Idiotie betreffen, berichtet.

Zuerst wird ein vollständiger Bericht über die einzelnen Fälle gegeben, die nach der vorhin erwähnten Eintheilung in klinisch zusammengehörige Gruppen geordnet sind. Nach jedem Fall wird eine Epikrise gegeben, sowie nach jeder Gruppe eine kurze Zusammenfassung und schliesslich eine Schlussbemerkung über die Resultate der Untersuchungen nebst einer Zusammenstellung derselben mit den in der hierhergehörigen Literatur sich vorfindenden Angaben.

A. Blödsinnige.

Fall 1.

Adolf Olsson, 22 Monate alt, geboren am 25. März 1890, gestorben an Pneumonia acuta.

Krankengeschichte.

In der Verwandtschaft des Pat. sind keine Nerven- oder Geisteskrankheiten bekannt. Beide Grossväter Alkoholisten. Die Eltern sind Geschwisterkinder.

Die Mutter hat 4 Entbindungen durchgemacht; die erste im Alter von 17 Jahren und 10 Monaten. Die Beckenmaasse sind (nach dem Journal des allgemeinen Gebärhauses vom 28. Oct. 1886) folgende: Diam. spin. il. 25; Crist. il. 26,5; Conj. ext. 19 cm. Die Durchmesser des Kindeskopfes waren: Diam. mento-occip. 14; front.-occip. 13,5; interbregm. 9,5 cm. Das Kind war blind; führte nie spontan irgend welche Bewegungen aus und konnte blos mit Schwierigkeit die Brust nehmen. Es starb im Alter von 7 Wochen.

Das 2. Kind wurde am 11. Nov. 1887 geboren. Durchmesser des Kindeskopfes: Diam. mento-occip. 10,5; fronto-occip. 9, interbregm. 7,2 cm. Es konnte die Brust nehmen, führte nie spontan irgend welche Bewegung aus, reagirte nicht auf Eindrücke auf irgend einen der Sinne; lallte nicht. Als das Kind 3 Monate alt war, begannen convulsive Zuckungen täglich mehrere Male aufzutreten und bestanden fort bis zum Tode des Kindes im Alter von 1 ½ Jahren.

Das 3. Kind ist der Pat., von dem die vorliegende Krankengeschichte handelt. Das 4., ein 2 Monate altes Mädchen, scheint sich normal zu entwickeln; ihr Kopf zeigt einen geringen Grad von Dolichocephalie.

Pat. wurde am 25. März 1890 geboren, die Entbindung war leicht. Maasse des Kindeskopfes wurden nicht festgestellt. Der Kopf hatte ganz Form und Aussehen wie der des 2. Kindes.

Die *Körperentwicklung* war übrigens, wie auch der physische Gesundheitszustand, in jeder Beziehung normal, das Kind ernährte sich gut. Es konnte die Brust nehmen, gab aber nicht zu erkennen, ob es hungrig war oder satt. Versuche, das Kind zu entwöhnen, misslangen, da es nicht zu schlucken verstand, wenn ihm Milch mit dem Löffel gereicht wurde.

Es lag während des ersten Lebensjahrs stets still, wie es gelegt wurde, führte spontan keine Bewegung aus und schlief fast fortwährend.

Höhere **psychische Funktionen** fehlten ganz und gar.

Sprache: Pat. konnte kein einziges Wort aussprechen.

Cranialnerven: I. *Geruch.* Es finden sich keine Angaben vor.

II. *Sehvermögen.* Schon vom 2. halben Jahre an richtete Pat. nach den Angaben die Augen nach einer im Gemache befindlichen Lichtflamme und suchte ihr mit den Augen zu folgen, wenn sie weggetragen wurde. Es war einerlei, ob sich die Flamme auf der einen oder der andern Seite des Pat. befand. Coordinirte Augenbewegungen und ordentliche Fixation zeigten sich erst ungefähr im Alter von 1 1/2 Jahren, als Pat. bisweilen einem glänzenden oder farbigen Gegenstande mit den Augen folgte. Eine Vorliebe für eine bestimmte Farbe war nicht vorhanden. Er folgte Personen nicht mit dem Blicke und lernte nie Vater und Mutter kennen.

III. IV. VI. Die Pupillen waren gross, gleich und sehr leicht beweglich und änderten deutlich die Form, wenn Pat. erschreckt wurde oder wenn etwas in der Umgebung seine Aufmerksamkeit auf sich zog. Die Augen wurden nicht gerollt, Nystagmus bestand nicht.

V. VII. Keine Lähmung oder Gefühlstörung im Gesicht.

VIII. *Das Hörvermögen* war sehr entwickelt im Verhältniss zu den übrigen Sinnen. Pat. reagirte auf das geringste Geräusch im Zimmer (gewöhnlich durch Schreien oder durch Hinblicken nach der Gegend, sowie durch deutliche Dilatation der Pupillen).

Er war besonders empfindlich für Dissonanzen, während Musik oder Gesang ihn alsbald beruhigte, wenn er unruhig oder schreiig war. Die Mutter giebt an, dass sie, wenn sie Messingdraht feilte, was sie täglich bei ihrer Arbeit thun musste, den Pat. in ein anderes Gemach oder zu den Nachbarn bringen musste, weil er deutlich dadurch gequält wurde. Wenn er in der Nacht schreiig oder unleidlich war, pflegte er sich alsbald zu beruhigen, wenn er Musik hörte, und der Vater berichtet, dass er jede Nacht die Guitarre neben sich lege, um sie gleich bei der Hand zu haben, und dass Pat. beim ersten Anschlagen derselben sofort still werde.

IX. Was den *Geschmack* betrifft, zog er gezuckerte Milch der Hafersuppe vor, an die ihn seine Mutter mehrere Male zu gewöhnen versuchte. Er konnte auch gezuckerte von ungezuckerter, gekochte von ungekochter Milch unterscheiden.

X. XI. XII. Nichts angegeben.

Sensibilität. Pat. schrie leicht bei unsanfter Berührung. Er war einmal unleidlich und schreiig und seine Mutter konnte lange die Veranlassung dazu nicht auffinden, bis sie schliesslich Flohstiche am Körper des Pat. entdeckte, und als dieser von dem Ungeziefer befreit war, wurde er ruhig. Er konnte kalte und warme Milch unterscheiden. Wenn man ihn anfasste, wurde oft bemerkt, dass er die Augen auf die berührte Stelle richtete.

Von der Stellung seiner Glieder scheint Pat. keinen Begriff gehabt zu haben. Er lag, ohne Unbehagen zu erkennen zu geben, oft unbequem und besonders erinnert sich der Vater, dass Pat. mehrere Stunden lang mit dem einen nach hinten gebeugten Beine unter sich lag, ohne das mindeste Unbehagen zu erkennen zu geben.

Motilität. Pat. konnte keine freiwillige coordinirte Bewegung ausführen. Bewegungen nach vorn und hinten mit den Händen und ein Versuch, den Kopf zu heben, waren die einzigen, die er spontan ausführte. Suchte man ihn im Bett zu setzen, wankte er nach allen Seiten und musste gestützt werden. Beim Versuch, ihn gehen zu lehren, machte er manchmal Ansätze, das Bein nach vorn zu führen, stolperte aber und blieb mit dem einen Fusse an dem andern hängen, weshalb die Versuche bald aufgegeben wurden. Hielt man ihm einen Gegenstand hin, griff er nie danach und machte nicht einmal einen Versuch dazu. Steckte man ihm einen Gegenstand in die Hand, konnte er ihn festhalten und liess ihn nicht spontan los.

Trophische Störungen waren nicht vorhanden.

Keine Athetosebewegungen in den Fingern.

Convulsionen begannen aufzutreten, als Pat. 3 Monate alt war. Sie kamen ungefähr alle 14 Tage, wurden gewöhnlich durch irgend ein Geräusch hervorgerufen und traten stets während des Schlafes auf. Der Vater gab an, bemerkt zu haben, dass diese Anfälle stets auftraten, wenn Pat. auf der linken Seite lag, dagegen beobachtete man nicht, ob die Zuckungen in einem gewissen Gliede anfingen. Sie begannen mit Starre, wie es schien, im ganzen Körper und wurden von einigen klonischen Zuckungen abgeschlossen, sie dauerten eine bis einige Minuten. Darauf folgte einige Stunden lang tiefer Schlaf.

Sektion.

Ueber das Schädeldach und die harte Hirnhaut ist nichts bemerkt. Das in Spiritus gehärtete Gehirn misst in der Länge 8,4 cm und wiegt 142,5 Gramm.

Die rechte Hemisphäre wiegt 65, die linke 66 und der Pons mit dem Kleinhirn 11,5 Gramm.

Was die Grösse der verschiedenen Lappen betrifft, scheinen die Temporal- und Parietallappen relativ kräftig entwickelt zu sein, während der Frontallappen und insonderheit der Occipitallappen recht bedeutend reducirt erscheinen.

Makroskopische Untersuchung. Rechte Hemisphäre.

Lobus frontalis. Der *Gyrus centralis anterior* stellt sich nicht als eine zusammenhängende Windung dar und kann nicht deutlich abgegrenzt werden, weder von den übrigen Frontalwindungen, noch vom Gyrus centralis posterior.

Das kleine Gebiet, das dieser Windung entsprechen dürfte, und das nach vorn von einer undeutlichen Fissura centralis liegt, hängt direkt mit dem Gyrus frontalis superior und medius zusammen und wird durch einen kleinen Sulcus gegen den Gyrus frontalis inferior abgegrenzt. Die untere Grenze der Windung reicht nicht hinab bis zur Fissura Sylvii, sondern ist von dieser durch den Gyrus getrennt, der hier die Insulawindungen vertritt.

Der zur medialen Hirnoberfläche gehörende Theil wird nach unten von der Fissura calloso-marginalis begrenzt und geht nach vorn ohne Grenze in den Gyrus frontalis superior über.

Gyrus frontalis superior, medius und *inferior* sind klein und kurz. Sie sind an der seitlichen Hirnoberfläche wohl begrenzt, aber an der orbitalen Fläche ist die Rinde nicht in deutliche Windungen getheilt, sondern bildet eine von unregelmässigen und seichten Furchen oder Einsenkungen markirte Fläche.

Der **Lobus parietalis** umfasst mehr als die Hälfte der lateralen Hirnoberfläche.

Der *Gyrus centralis posterior* bildet eine kleine, undeutliche und wenig hervortretende Windung. Sein zur medialen Hirnoberfläche gehörender Theil wird nach hinten und unten von der Fissura calloso-marginalis begrenzt.

Sein zur lateralen Hirnoberfläche gehörender Theil wird von der Fissura Sylvii von der Windung getrennt, die hier die Rinde in der Insula vertritt.

Gyrus parietalis superior und *inferior* sind gut entwickelt und weichen nicht von dem Normalen ab, ausgenommen dass der Gyrus parietalis inferior anterior nach vorn direkt mit der zur lateralen Hirnoberfläche gehörenden Windung zusammenhängt, die die Insula-Rinde vertritt.

Lobus occipitalis. Dieser Lappen ist von dem Parietallappen durch eine tiefe Furche getrennt, die von der Margo falcata nach aussen, unten und vorn bis zum äussern Rande des Temporallappens geht. Er ist der relativ kleinste von sämmtlichen Lappen und erscheint wie ein Anhang zu dem übrigen Gehirn.

Der *Gyrus occipitalis superior* besteht aus einer kleinen, wenig ausgeprägten Windung, die ohne Grenze in den Gyrus occipitalis inferior externus übergeht. An der medialen Oberfläche wird der ganze Cuneus von einer kleinen, schwachen, 8 mm breiten Windung zwischen der Fissura calcarina und occipitalis interna repräsentirt.

Gyrus occipitalis inferior externus und *internus* sind etwas kräftiger entwickelt und von einander gut abgegrenzt.

Lobus temporalis. Dieser Lappen ist relativ kräftig entwickelt und seine Windungen sind von normalem Verlauf und normaler Begrenzung.

Der **Lobus falciformis** ist kräftig entwickelt.

Lobus centralis. Eine Fossa Sylvii findet sich nicht und von der Fissura Sylvii findet sich nur der hintere Schenkel deutlich ausgeprägt, während der vordere blos durch eine schwache Impression angedeutet ist.

Eine Insula findet sich nicht, sie wird aber durch eine Windung ersetzt, die zwischen den Gyrus frontalis inferior, die Centralwindungen und den Gyrus temporalis superior eingeschoben ist, während sie nach hinten in den Gyrus parietalis inferior anterior übergeht.

Diese Windung hat eine laterale, zur lateralen Hirnoberfläche gehörende Fläche und eine hintere untere, die in den hintern Schenkel der Fissura Sylvii versenkt ist. Sie wird nach vorn zu schmäler und geht vor dem Uncus gyri hippocampi in die Rinde der Orbitaloberfläche über.

Linke Hemisphäre.

Die Rinde zeigt in der Hauptsache dieselbe Anordnung der Windungen wie rechts.

Vom **Corpus callosum** findet sich nur ein Querschnitt, der sagittal 8 mm und vertikal 5 mm misst und an der Stelle des Genu corporis callosi liegt. Von hier aus strahlen Lamellen in die Hemisphäre ein und, nachdem sie einen nach oben convexen Bogen beschrieben haben, laufen sie im Dach der ausgedehnten Seitenventrikel nach unten vorn, unten aussen und unten hinten. Von diesen letzteren schwenkt ein Theil nach vorn um in den Temporallappen. Diese Lamellen bilden eine zusammenhängende Membran, die das Dach der ausgedehnten Seitenventrikel bildet.

Die am meisten medialen von den nach hinten verlaufenden Fasern bilden einen, von grauer Substanz bekleideten Wulst, der unter und parallel mit dem Gyrus cinguli verläuft. An der Bildung dieses Wulstes nimmt auch ein longitudinaler Faserzug Theil, der sich vom Frontallappen über das Corpus callosum hinweg nach dem Occipitallappen erstreckt und auch zum Temporallappen Fasern sendet.

Entsprechend der äussern untern Grenze des Ventrikels werden die Fasern des Corpus callosum von Lamellen aus der Capsula interna gekreuzt, die von unten nach oben zu der Margo falcata laufen.

Unter dem erwähnten Wulst beginnt eine von Ventrikelgrau und Oberflächengrau bekleidete Membran, die in der Mitte aus Nervenfasern besteht und im Sulcus chorioideus angeheftet ist. Diese Lamelle macht die eine Hälfte vom Corpus fornicis aus, das also aus 2 von einander vollständig getrennten Hälften gebildet wird. Ein grosses Foramen Monroi leitet hinter den Columnae fornicis in die Seitenventrikel, die weiter als normal sind.

Der 3. Ventrikel wird nach vorn und unten und im Abschnitt zwischen der Commissura anterior und dem Querschnitt des Corpus callosum von einer grauen Lamelle, der Lamina terminalis ein., geschlossen, nach oben von der Pialamelle, die zwischen den beiden Sulci chorioidei verläuft.

Commissura anterior und mollis sind gut entwickelt.

Die **Centralganglien**, der **Pons** und **die Medulla oblongata** zeigen makroskopisch nichts Abnormes.

Das **Kleinhirn** ist bedeutend kleiner als normal und erscheint wie ein kleiner Anhang an Pons und Medulla oblongata. Seine hintere Begrenzung liegt nahezu 3 cm vor der Occipitallappenspitze.

In Folge der Verkleinerung des Kleinhirns in vertikaler Richtung kann man von hinten her die ganze untere Hälfte des 4. Ventrikels sehen.

Im Centrum der obern Hemisphärenoberfläche liegt die centrale Marklamelle in einer Ausdehnung von ungefähr 7 mm blos. Sämmtliche Windungen können an diesem in seinem Wachsthum gehemmten Organe erkannt werden.

Jede Hemisphäre misst transversal 2,5 cm, vertikal 1,5 cm und sagittal 2,2 cm.

Der Vermis misst sagittal 0,5 cm und vertikal 0,7 cm.

Mikroskopische Untersuchung der Hirnrinde.

Lobus frontalis. *Gyrus centralis anterior.* Der zur medialen Hirnoberfläche gehörende Theil der Windung besteht aus einer zellenfreien, 0,35 mm dicken Schicht und einer Pyramidenzellenschicht von 1,5 mm Dicke.

Die Zellen in dieser Schicht sind sehr wenige an Zahl und kommen in einer Anzahl von 5 in $[0,1 \text{ mm}]^3$ vor (normal bei Zweijährigen in der 3. Schicht 25). Sie haben einen grossen Kern und nur einen schmalen Ring feingranulirtes Protoplasma, sowie abgerundete, birnförmige Gestalt mit feinen, undeutlichen Fortsätzen. Sie sind ganz klein und messen $8 - 10\,\mu$ in der Breite. Im tiefsten Theile der Schicht kommen auch andere, spindelförmige Zellen vor, die $16\,\mu \times 48\,\mu$ messen. Diese Spindelzellen haben grosse Kerne, feingranulirtes Protoplasma und 2 vertikal gehende dicke Fortsätze. Sie kommen äusserst spärlich vor mit mehreren mm Zwischenraum zwischen einander.

Eine Spindelzellenschicht findet sich nicht, aber im Mark unter der Pyramidenzellenschicht finden sich vereinzelte birnförmige oder spindelförmige Zellen, die $8 - 10\,\mu \times 15 - 20\,\mu$ messen.

An dem zur lateralen Hirnoberfläche gehörenden Theile der Windung haben die Zellen dieselbe Grösse und Beschaffenheit, wie oben beschrieben, aber je weiter abwärts man an der Windung kommt, desto mehr Zellen treten an der Stelle der Spindelzellenschicht auf, so dass mitten in der Windung sich eine wohl markirte, 0,40 mm dicke Spindelzellenschicht findet, bestehend aus kleinen, $3 - 4\,\mu$ breiten Spindelzellen.

Die oben beschriebenen grossen Spindelzellen kommen hier nicht vor. Dafür sind sämmtliche tiefsten Zellen in der Pyramidenzellenschicht etwas grösser und von mehr pyramidaler Form als an der oberen Hälfte.

Der *Gyrus frontalis superior* verhält sich wie der obere Theil des Gyrus centralis anterior. Je näher man der Spitze der Windung kommt, desto mehr werden der Zellen in der Spindelzellenschicht, zugleich treten kleine, 2 — 3 μ breite, pyramidale und unregelmässige Zellen zwischen den Pyramidenzellen auf und deuten eine 4. Schicht an.

Blos in der hinteren Hälfte der Windung kommen im tiefsten Theile der Pyramidenzellenschicht einige grosse Spindelzellen vor.

Im vordern Theile und in dem zur orbitalen Hirnoberfläche gehörenden Theile der Windung haben die tiefsten Zellen in der Pyramidenzellenschicht und im letzteren Gebiet auch in der Ganglienzellenschicht eine mehr pyramidale Form angenommen und sind etwas grösser, als die übrigen Pyramidenzellen. Sie messen 12 μ × 18 μ.

Der *Gyrus frontalis medius* verhält sich wie die vordere Hälfte der vorigen Windung.

Gyrus frontalis inferior. Die hintere Hälfte des zur lateralen Oberfläche gehörenden Theiles der Windung hat denselben Bau wie der obere Theil des Gyrus centralis anterior, hat aber ausserdem eine deutliche und ziemlich stark entwickelte Spindelzellenschicht.

Die vordere Hälfte und der orbitale Theil der Windung gleichen dem Gyrus frontalis medius. Die tiefsten Zellen der Pyramidenzellenschicht sowie der Ganglienzellenschicht sind jedoch hier etwas grösser (12 — 14 μ × 20 — 25 μ) und die 4. Schicht ist deutlicher markirt.

In allen Frontalwindungen finden sich, sowohl in der Rinde wie auch im Mark, runde Zellen, die weissen Blutkörperchen gleichen, aber etwas kleiner als diese sind. Die Stützsubstanz erscheint möglicherweise etwas dichter als normal; die Zahl der Gefässe, vor Allem der Rindencapillaren, vermehrt.

Keine Veränderungen in den Gefässwänden.

Die oberflächenparallele Faserschicht [Associationsfaserschicht] der ersten Schicht schwächer als normal.

Lobus parietalis. Der *Gyrus centralis posterior* zeigt eine normale Anordnung in der Rindenschicht. Sämmtliche Zellen sind kleiner als normal und die Pyramidenzellen, die gleich gross sind, überschreiten nicht 10 μ in der Breite. Diese Zellen stimmen mit den vorher im Gyrus centralis anterior beschriebenen überein, sowohl in Bezug auf Anzahl, als auch Grösse, Form und Struktur.

Die tieferen Zellen in der Pyramidenzellenschicht und in der Ganglienzellenschicht sind grösser als die übrigen und messen 12—15 μ.

Im *Gyrus parietalis superior* sind sämmtliche Zellen der Pyramidenzellenschicht etwas grösser und haben eine ausgeprägtere Pyramidenform. Die tiefsten Zellen, sowie die Zellen in der Ganglienzellenschicht erreichen eine Grösse von 14—16 μ × 20—25 μ.

Die Spindelzellenschicht wird gebildet aus breiten, dicht gehäuften Spindelzellen, die 10—12 μ × 25 μ messen und in einer Anzahl von 15 in [0,1 mm]³ vorkommen (normal bei Zweijährigen 22).

Gyrus parietalis inferior. Die Rinde besteht hier nur aus 2 Schichten, einer oberflächlichen, zellenfreien Schicht und einer tieferen, die aus kleinen, 8—10 μ grossen Zellen von derselben Beschaffenheit besteht, wie die zuerst beschriebenen im Gyrus centralis anterior.

Sie sind äusserst wenige an Zahl und ihre Menge beträgt ungefähr ⅕ der normalen. Sie sind alle gleich gross.

Im Mark unter der Zellenschicht finden sich zerstreut kleine Spindelzellen, die eine besondere Schicht nicht bilden. Die vorher beschriebenen runden Elemente kommen spärlich in Rinde und Mark des Lappens vor.

Die Stützsubstanz erscheint etwas dichter als normal im untern Theile des Lappens. Anzahl der Gefässe etwas vermehrt. Keine Verdickung der Gefässwände.

Associationsfaserschicht schwächer als normal.

Lobus occipitalis. Der zur lateralen Hirnoberfläche gehörende Theil des *Gyrus occipitalis superior*, sowie der *Gyrus occipitalis inferior externus* zeigen denselben Bau wie der Gyrus parietalis superior, aber die Spindelzellenschicht ist hier etwas mächtiger.

Der zur medialen Hirnoberfläche, sowie zur Spitze des Occipitallappens gehörende Theil der Windung ist gebildet aus äusserst kleinen, 3 μ × 5—6 μ grossen Zellen von pyramidaler Form, eine grosse mächtige Schicht bildend, unterbrochen durch ein Paar aus grossen unregelmässigen Zellen bestehende zellenärmere Zwischenschichten, in denen vereinzelte grössere Zellen vorkommen. Diese Zellen sind äusserst spärlich vorhanden.

Die Spindelzellenschicht ist hier wenig entwickelt und blos repräsentirt durch einzelne kleinere Spindelzellen in der Marksubstanz.

Denselben Bau hat der *Gyrus occipitalis inferior internus* in seinem nach der Fissura calcarina hin gelegenen Theil. Nach dem Gyrus occipitalis inferior externus zu werden die Zellen grösser und die Rinde nimmt den für die laterale Oberfläche des Occipitallappens charakteristischen Bau an.

Sowohl das Mark, als die Rinde sind von den oben erwähnten runden Zellelementen durchsetzt.

Die Stützsubstanz erscheint an der medialen Oberfläche dichter. Anzahl der Gefässe vermehrt.

Die Dicke der Associationsfaserschicht der ersten Schicht ist etwas reducirt.

Lobus temporalis. Dieser Lappen, der normale Anordnung der Schichten zeigt, ist durch bedeutend lange Pyramidenzellen charakterisirt. Im tiefsten Theile der Pyramidenzellenschicht und in der Ganglienzellenschicht haben sie Spindelform angenommen und messen in der Breite 10 μ und in der Länge 50 — 100 μ. Mehrere Uebergänge von der Spindel- zur Pyramidenform finden sich vor.

Diese Zellen, die in grosser Anzahl vorkommen, haben einen grossen Kern von der Form der Zelle und feinretikulirtes Protoplasma, sowie einen sehr groben Spitzenfortsatz, einen deutlichen Basalfortsatz nebst einigen feineren Seitenfortsätzen.

Die Spindelzellenschicht ist relativ kräftig entwickelt und aus Zellen zusammengesetzt, die 6 — 8 μ × 15 μ messen.

Die oben beschriebenen grossen Zellen sind am reichlichsten in der vordern Hälfte des Gyrus temporalis superior und medius und nehmen an Anzahl und Grösse ab, je weiter nach hinten man kommt.

Die kleinen runden Zellelemente kommen spärlich in Rinde und Mark des ganzen Lappens vor.

Die Stützsubstanz ist möglicherweise etwas dichter als normal, die Zahl der Gefässe etwas vermehrt.

Menge der Nervenfasern nicht merkbar vermindert.

Lobus falciformis. Der *Gyrus hippocampi* zeigt keine Abweichungen, ausgenommen, dass die Anzahl der Zellen geringer als normal ist.

Gyrus cinguli. Die Zellen, die hier alle gleich gross sind, sind in einer einzigen grossen Schicht angeordnet. Sie gleichen den Pyramidenzellen im Gyrus centralis anterior, übertreffen sie aber etwas an Grösse.

Sowohl die Rinde, als das Mark sind durchsetzt von kleinen runden Zellelementen. Die Stützsubstanz erscheint normal. Anzahl der Gefässe vermehrt.
Die Zahl der Nervenfasern erscheint normal.

Lobus centralis. Die Rinde in den accessorischen Windungen, die die Rinde in der Insula ersetzen, zeigt denselben Bau, wie die Rinde im orbitalen Theile des Gyrus frontalis inferior, nur dass die tieferen Pyramidenzellen hier nicht grösser sind als die übrigen.
Beide Hirnhälften verhalten sich gleich.

Die **Centralganglien**, sowie die Kerne in **Pons** und **Medulla oblongata** zeigen keine Abweichungen vom Normalen.

Kleinhirn. Sowohl in den *Hemisphären* wie im *Vermis* sind sowohl die Zellen der Körnerschicht als die Purkinje'schen Zellen bedeutend reducirt in der Zahl und an mehreren Stellen findet man keine einzige Nervenzelle in der Windung. Die Zellen, die man findet, sind nach Grösse und Aussehen normal.
Die Marklamelle ist in den Windungen, wo die Zellen in grösserer Ausdehnung fehlen, bedeutend schmäler als normal.
Auch im kleinen Gehirne finden sich, obwohl in geringerer Menge, die vorher beschriebenen runden Zellelemente.

Epikrise.

Die klinischen Symptome in diesem Falle waren, zusammengefasst, folgende:

Auffassung der Aussenwelt höchst unvollständig oder fast fehlend.
Höhere psychische Funktionen fehlten ganz und gar. Pat. *sprach* nicht.
Gesichtssinn höchst unvollständig. Nur eine oberflächliche Perception.
Gehörssinn relativ gut entwickelt. Empfindlich für Dissonanzen.
Geschmackssinn und *Gefühlssinn* relativ gut entwickelt. Muskelsinn unentwickelt.
Keine *coordinirten Bewegungen* mit Rumpf oder Gliedern. Muskelkraft schwächer als normal. Keine partiellen Paresen. Epileptiforme Anfälle.

Die **pathologisch-anatomischen Veränderungen** waren zusammengefasst folgende:

Gehirn bedeutend *kleiner* als normal. *Frontal*- und *Occipitallappen* schwach entwickelt im Verhältniss zu den übrigen Lappen.

Die *Insula Reilii* fehlt. Ihre Rinde wird vertreten durch 2 accessorische Windungen an der lateralen Hirnoberfläche.

Centralwindungen undeutlich abgegrenzt. Eine tiefe Furche trennt die Parietallappen von den Occipitallappen.

Corpus callosum rudimentär.

Seitenventrikel erweitert.

Kleines Gehirn sowohl an und für sich als im Verhältniss zum grossen Gehirn bedeutend kleiner als normal.

Am wenigsten entwickelt ist die Rinde in den *Frontallappen*.

In dem ganzen zur medialen und in der obern Hälfte des zur lateralen Hirnoberfläche gehörenden Theiles des Gyrus centralis anterior sammt den angrenzenden Theilen der Frontalwindungen sind die Zellen in einer einzigen Schicht *angeordnet*.

In Bezug auf die *Form* gleichen sie unentwickelten Zellen bei einem Foetus von 5 Monaten; in Bezug auf die *Grösse* sind sie grösser als diese, aber kleiner als normal; an *Anzahl* machen sie $^1/_2$ der normalen aus. Was die *Struktur* betrifft, haben sie grössere Kerne und weniger Protoplasma, sowie weniger und feinere Fortsätze als normal.

Zwischen den tiefsten Zellen kommen in geringer Anzahl einzeln stehende grössere Spindelzellen vor, die unentwickelte Riesenzellen darstellen.

Die Rinde in den übrigen Theilen des Lappens, sowie in den accessorischen Windungen, die die Insula vertreten, verhält sich gleich, nur dass sich eine zellenarme Spindelzellenschicht findet, dass grosse Spindelzellen fehlen und dass die am tiefsten gelegenen Pyramidenzellen etwas grösser und mehr pyramidenartig sind. Im vordern Theile des Lappens und an der orbitalen Fläche findet sich eine mehr oder weniger deutliche 4. Schicht.

Im *Lobus parietalis* ist die Rinde etwas mehr entwickelt.

Im *Gyrus centralis posterior* und *parietalis superior* ist die *Anordnung* der Zellen normal. An *Form*, *Grösse*, *Struktur* und *Anzahl* stimmen die meisten mit den unentwickelten Zellen im Frontallappen überein. In der Tiefe der 3. Schicht und in der Ganglienzellenschicht finden sich ausserdem grössere und deutlichere Pyramidenzellen.

Die Rinde im *Gyrus parietalis inferior* hat denselben Bau wie die am wenigsten entwickelte Rinde im Frontallappen.

Occipitallappen. Die Rinde der lateralen Fläche, sowie die Rinde im Gyrus occipitalis inferior internus weist denselben Bau auf, wie die Rinde über dem vorderen Theile des Parietallappens, nur dass die Spindelzellenschicht etwas mächtiger ist. Die Rinde der medialen Fläche hat ungefähr eine normale Anzahl kleiner Zellen, deren Grösse etwas geringer als normal ist. Die grösseren Pyramidenzellen in den zellenarmen Zwischenschichten sind an Anzahl und Grösse bedeutend geringer als normal.

Der *Lobus temporalis* ist mehr entwickelt als die übrigen Lappen. Die Rinde hat normale Anordnung und Zusammensetzung der verschiedenen Schichten, aber die tiefsten Zellen der 3. Schicht und sämmtliche Zellen der Ganglienzellenschicht bestehen aus langen, schmalen Spindeln mit grossen Kernen und feinretikulirtem Protoplasma. Ihre Anzahl ist normal.

Lobus falciformis. Der Gyrus hippocampi verhält sich normal, ausgenommen, dass die Anzahl der Zellen geringer ist als normal. Die Rinde im *Gyrus cinguli* verhält sich wie die am wenigsten entwickelte Rinde des Frontallappens, nur dass die Zellen etwas grösser sind.

Ueberall, sowohl in der Rinde, als im Mark, finden sich runde Zellen, die den weissen Blutkörperchen gleichen, am reichlichsten im Frontallappen, am spärlichsten im Temporallappen. Die Stützsubstanz ist im Allgemeinen etwas dichter als normal und die Zahl der Blutgefässe vermehrt, am wenigsten im Lobus temporalis. Die Associationsfaserschicht der ersten Schicht ist, ausser im Temporallappen, weniger kräftig als normal, am schwächsten im hintern Theil des Frontallappens.

Kleinhirn. Die Purkinje'schen Zellen und die Kornzellen sind sowohl im Vermis als in den Hemisphären an Zahl geringer als normal.

Diagnose.

Die höchst unvollständige Auffassung der Aussenwelt und das Fehlen psychischer Funktionen berechtigen uns, den Fall zu den schwersten Formen der Idiotie zu rechnen und unter die Abtheilung A. Blödsinnige einzureihen.

Was die *pathologischen Veränderungen* in dem Falle betrifft, so lenkt zuerst die vorhandene sehr bedeutende *Verkleinerung des Gehirns* die Aufmerksamkeit auf sich. Eine solche Verminderung sowohl des Gewichts, wie sämmtlicher Durchmesser hat man Mikrocephalie genannt und eine Gruppe von Idioten aufgestellt, die durch eine derartige Veränderung des Gehirns charakterisirt wird.

Diese Mikrocephalen sind der Gegenstand zahlreicher und ausgedehnter Untersuchungen gewesen, seit CARL VOGT 1868 seine atavistische Hypothese aufgestellt hatte, VIRCHOW seine Hypothese über die vorzeitige Verknöcherung der Schädelnähte, KLEBS über den Uteruskrampf während der Schwangerschaft und STARK über encephalitische Processe als ursächliches Moment bei der Mikrocephalie.

Es wäre verlockend, näher auf eine Darstellung der interessanten Untersuchungen und Diskussionen hierüber, die sich in der Literatur finden, einzugehen, aber da schon von früher her recht vollständige Zusammenstellungen vorhanden sind und aus diesen hervorgeht, dass die verschiedensten klinischen Symptome bei dieser Veränderung des Gehirns vorkommen können, fällt eine derartige Zusammenstellung der Literatur nicht in den Rahmen dieser Arbeit.

Eben so wenig wie die Mikrocephalie kann die hier vorhandene relativ stärkere *Verkleinerung* der *Frontal- und Occipitallappen* oder die *Abweichung im Verlauf und in der Begrenzung der Windungen* die klinischen Symptome erklären, da, wie aus den in der Literatur vorhandenen Zusammenstellungen hervorgeht, solche Veränderungen ohne Defekte der Psyche vorgefunden werden können, und auf der andern Seite bedeutende psychische Defekte vorkommen können bei vollkommen normalem Verhalten dieser Lappen und Windungen.

Auch der fast vollständige *Defekt des Corpus callosum* kann die klinischen Symptome nicht erklären, da es sich gezeigt hat, dass dieser Hirntheil vollständig fehlen kann, ohne dass die geringste Störung der Intelligenz sich vorfindet.

Die *Ausdehnung der Seitenventrikel* dürfte, da keine Zeichen von Entzündung nachgewiesen werden konnten, als ein Hydrocephalus e vacuo anzusehen sein und kann als eine bei Mikrocephalie gewöhnliche Veränderung eben so wenig als diese die klinischen Symptome erklären.

Die *Veränderung im kleinen Gehirn* kann ebenfalls nicht die Ursache der psychischen Defekte gewesen sein, da es sich gezeigt hat, dass das kleine Gehirn in hohem Grade atrophisch sein kann, ohne dass sich die mindeste Störung der Intelligenz vorfindet.

Was die *feineren Veränderungen in der Hirnrinde* betrifft, so können diese im Allgemeinen auf eine Entwicklungshemmung der Hirnrinde zurückgeführt werden und die Verschiedenheiten in verschiedenen Rindengebieten sind blos Gradunterschiede desselben Processes. In dem am meisten veränderten Rindengebiete, *motorische Region, Gyrus cinguli* und *Gyrus parietalis inferior*, haben die Zellen sich noch nicht in verschiedene

Schichten differenzirt und sie haben die Form der Embryonalzellen. Nur ein Theil der tiefsten Zellen hat angefangen, sich zu differenziren, aber auch diese sind in ihrer Entwickelung stehen geblieben, ehe sie die für die vollständig entwickelte Zelle charakteristische Form und Grösse erlangt haben.

Da nach VIGNAL diese Zellen die ersten sind, die sich differenziren, und da dies zu Anfang des 6. Monats geschieht, müsste also hier dieses Rindengebiet in der 1. Hälfte des 6. Monats in seiner Entwicklung gehemmt worden sein.

Die Zellen sind seitdem gewachsen, ohne indessen eine dem Alter entsprechende Grösse erreicht zu haben.

Schwer zu erklären ist es, dass die Anzahl dieser unentwickelten Zellen so bedeutend hinter der normalen Zellenanzahl zurückbleibt, sofern man nicht anzunehmen hat, dass entweder ein Theil der Zellen hier untergegangen ist, oder dass unter normalen Umständen eine Neubildung von Zellen stattfindet und dass eine solche Neubildung von Zellen hier ausblieb. Um zu entscheiden, welches von beiden der Fall ist, müsste man das Verhältniss zwischen der Zellenanzahl in diesem, in seiner Entwicklung gehemmten Gebiete und normaler Hirnrinde in dem entsprechenden Entwicklungsstadium, oder in diesem Falle im 6. Monate, kennen.

In dem letzteren ist allerdings die Anzahl der Zellen in $[0{,}1 \text{ mm}]^3$ Hirnsubstanz bedeutend grösser, aber im Verhältniss zur Dicke der Rinde ist die Anzahl der Zellen ungefähr dieselbe in beiden Fällen. Die Zellen in diesem veränderten Gebiete dürften deshalb jedenfalls die sämmtlichen Zellen sein, die in der Rinde im 6. Monate vorhanden waren, und diese Zellen sind seitdem, während das Organ wuchs, durch grössere Zwischenräume von einander getrennt worden, dabei nahmen sie zugleich an Grösse zu, behielten aber ihre embryonale Form und Struktur (grosser Kern, feinkörniges Protoplasma).

Wenn eine Atrophie der Zellen stattgefunden hätte, wären wahrscheinlich Zellreste übrig geblieben.

Das übrige Rindengebiet hat eine etwas höhere Entwicklung erreicht. So findet sich in den übrigen Theilen des *Frontal-* und *Parietallappens* eine Spindelzellenschicht, weshalb die Rinde hier auf einer Entwicklungsstufe stehen geblieben sein dürfte, die dem 8. Fötalmonat unter normalen Verhältnissen entspricht.

In einem noch höheren Stadium dürfte die Rinde im *Occipitallappen* stehen und noch mehr entwickelt ist die Rinde des *Temporallappens*, die sich normal verhält, ausgenommen dass die Zellenanzahl geringer als normal ist und dass die grossen Pyramiden nicht eine dem Alter entsprechende Form erreicht haben.

Fast vollständig normal ist der *Gyrus hippocampi*, aber auch hier ist die Anzahl der Zellen geringer als normal (ausgebliebene Neubildung von Zellen?).

Dass die Stützsubstanz dichter und die Zahl der Gefässe vermehrt ist in dem in der Entwicklung zurückgebliebenen Gebiete, dürfte einzig und allein als ein compensirendes Moment zu betrachten sein und nicht als Ausdruck für einen inflammatorischen Process, da sich keine Veränderungen in den Gefässwänden oder in ihrer Umgebung fanden.

Was die runden Zellelemente zu bedeuten haben könnten, die sich spärlich in der Rinde und im Mark fanden und bei allen Formen von Idiotie gefunden worden sind, muss dahingestellt bleiben.

Dass die Associationsfaserschicht in der 1. Schicht schwächer als normal ist und am schwächsten in den am meisten veränderten Rindengebieten, muss mit der Verminderung der Zellelemente der Rinde in Zusammenhang gebracht werden.

Wir haben also gefunden, dass die Rinde sich in verschiedenen Entwicklungsstadien befindet, die sich sehr genau auf die Stadien in der normalen Entwicklung der Hirnrinde zurückführen lassen. Das am wenigsten entwickelte Gebiet entspricht einer Entwicklungsstufe, die sich beim normalen Fötus im 6. *Monate* findet, die eines andern Gebietes findet sich wieder im 8. und die eines 3. im 9. *Fötalmonate* oder bei dem *Neugebornen*. Blos ein Gebiet (Gyrus hippocampi) hat eine dem Alter entsprechende Entwicklung erreicht, obwohl auch hier die Anzahl der Zellen geringer als normal ist.

Bis zum 6. *Monate* dürfte also die Entwicklung normal vor sich gegangen sein, aber von dieser Zeit an ist irgend ein Moment hinzugekommen, das die Entwicklung der Rinde in einem Gebiete vollständig aufzuhören gezwungen hat, oder sie in einem andern Gebiete eine Zeit lang fortschreiten liess, um sie bald auch hier zum Stillstand zu bringen. (Auch das Corpus callosum steht auf einem Entwicklungsgrade, der den normalen Verhältnissen im 6. Monate entspricht). Was dieses Moment gewesen sein kann, ist unmöglich festzustellen.

Stellen wir nun die verschiedenen *klinischen Symptome* mit den gefundenen *pathologisch-anatomischen Veränderungen* in diesem Falle zusammen, so erklären sich die *Störungen der Motilität und der Sprache* genau durch die mangelnde Entwicklung *der Centra* für *Bewegungen* und *Sprache*.

Man konnte vielleicht die Störungen der Coordination mit der Verminderung der Nervenelemente im Vermis in Zusammenhang bringen wollen, aber nur nach Störungen in den Nervenzellen des Vermis, die eintreffen, wenn das Organ funktionirt hat, treten Coordinationsstörungen auf. In diesem Falle ist der Vermis in einem Entwicklungsstadium stehen geblieben, das sich in der 2. Hälfte des Embryonallebens wiederfindet.

Die Störungen des *Gesichtssinnes* (es fand sich kaum mehr als die Perception) dürften dadurch erklärt werden, dass sich die Rinde des Occipitallappens in einem Entwicklungsstadium befand, das bei Normalen dem Anfange des ersten Lebensjahres entspricht.

Dass das *Gehör* relativ gut entwickelt war, steht gut in Uebereinstimmung mit dem Entwicklungsgrade des Temporallappens, der der Norm in der ersten Hälfte des ersten Lebensjahres entspricht.

Was den *Geschmackssinn* betrifft (Perception fand sich), ist zu bemerken, dass die Rinde im Gyrus lingualis sich in einem Stadium befand, das den letzten Fötalmonaten entspricht.

In Bezug auf das *Gefühl* (Perception fand sich von Seiten aller Gefühlssinne mit Ausnahme des Muskelsinnes) betrifft, ist zu bemerken, dass die Rinde im obern und vordern Theile des Parietallappens sich in einem Stadium der Entwicklung befand, das einer normalen Rinde wenigstens im 8. Fötalmonate entspricht, während der untere Theil desselben (Gyrus parietalis inferior) der Norm im 6. Monate entspricht.

Das *Fehlen höherer psychischer Funktionen* dürfte wohl dadurch zu erklären sein, dass sich der grösste Theil der Hirnrinde in einem Entwicklungsstadium befand, das bei Normalen zwischen dem 6. *Fötalmonat und dem Anfang des 1. Lebensjahres* liegt.

Fall 2.

Emma Nybom, 14 Jahre alt, gestorben am 28. Februar 1889 am Pneumonia acuta. Aufgenommen im »Eugeniahemmet» am 30. Juni 1887.

Krankengeschichte.

In Bezug auf Heredität ist nichts bekannt.

Pat. ist keinem Trauma ausgesetzt gewesen und hat keine Kinderkrankheiten durchgemacht.

Die ersten Zeichen der Idiotie wurden ganz zeitig bemerkt, weil sie die Aufmerksamkeit nicht auf das richtete, was um sie herum vor sich ging. Sie lernte nicht gehen oder sitzen, lernte nicht nach Gegenständen greifen, die ihr vorgehalten wurden.

Ein von Dr. BJÖRKMAN am 11. Dec. 1886 ausgestelltes Attest hat folgenden Wortlaut.

»Hirnschale abnorm klein, Blick umherirrend, Gesichtsausdruck blödsinnig, grimassirend, keine artikulirte Sprache. Die Glieder gewöhnlich gebeugt; Unvermögen zu gehen und ohne Stütze zu sitzen, Unvermögen Harn und Faeces zu halten. Mitunter Anfälle von klonischem Krampf in Beinen und Gesicht».

Bei der Ankunft in der Anstalt wurde folgender Zustand gefunden:

Pat., die eine für ihr Alter normale Körperlänge hat, ist bettlägerig und kann nicht im Mindesten sich selbst helfen.

Sie hat keinen *Begriff* von dem, was in ihrer Umgebung vor sich geht. Sie reagirt im Allgemeinen höchst unvollständig auf Eindrücke auf die verschiedenen Sinne.

Die *Stimmung* ist im Allgemeinen unruhig, Pat. schreit oft und, wie es scheint, unmotivirt.

Urtheil, *Gedankenthätigkeit* und *Gedächtniss* fehlen ganz.

Pat. kennt weder Laute, Gegenstände, noch Personen wieder, versteht nicht, was man zu ihr spricht.

Spricht nicht und macht keinen Versuch dazu. Giebt durch Schreien zu erkennen, wenn sie hungrig ist oder schlecht liegt.

Cranialnerven. I. In Bezug auf den Geruch ist nichts bekannt.

II. *Sehvermögen* fehlt nicht. Pat. richtet den Blick auf Gegenstände, die ihr vorgehalten werden, auch bisweilen auf Personen, die durch das Zimmer gehen.

III, IV, VI. *Bewegungen* der Pupillen und Augen normal.

V. *Gefühl* im Gesicht fehlt nicht.

VII. Keine Parese. S. a. unter Zuckungen!

VIII. *Gehör* relativ lebhaft.

IX. In Bezug auf den *Geschmack* ist nichts bekannt. Pat. isst alle Nahrung, die ihr gegeben wird.

X, XI, XII. Nichts Abnormes kann nachgewiesen werden.

Die **Sensibilität** scheint überall normal zu sein.

Motilität. Parese in den obern, Paralyse in den untern Extremitäten. Die Arme werden gewöhnlich über der Brust gebeugt gehalten, die Beine gegen den Bauch in die Höhe gezogen; Pat. macht jedoch Versuche, sie auszustrecken, sie kann nicht aufrecht sitzen und die Stellung im Bett nicht verändern.

Reflexe im Allgemeinen lebhaft. Harn und Faeces gehen unfreiwillig ab.

Keine ausgeprägten *Contrakturen.*

Bisweilen treten *Zuckungen* im Gesicht und in den Fingern auf. *Anfälle* von klonischem Krampf kommen gewöhnlich mehrere Male an einem Tage vor; bisweilen konnte Pat. mehrere Tage und Wochen frei von Anfällen sein. Den Anfällen ging kein Schrei vorher, sie dauerten einige Minuten und darauf folgte Schlaf.

Während des Aufenthalts in der Anstalt blieb der Zustand unverändert.

Sektion.

Harte Hirnhaut an den Nähten festgelöthet, so dass das Gehirn nicht herausgenommen werden konnte, ohne diese Haut ringsum abzuschneiden. Viel Flüssigkeit floss aus den Ventrikeln, besonders aus dem rechten, dessen Dach dabei einsank. Schädel klein, rundlich, kurz, niedrig, etwas unregelmässig, unsymmetrisch. Die Nähte offen, auch die Frontalnaht. Schädeldach an der Innenfläche nicht knollig.

Das *Gehirn wiegt gehärtet* 442 g, die rechte Hemisphäre 138 g, die linke 218, das kleine Gehirn mit Pons und Medulla oblongata 86 Gramm.

Die Länge der rechten Hemisphäre beträgt 11,5 cm, die der linken 12 cm.

Makroskopische Untersuchung der rechten Hemisphäre.

Die rechte Hemisphäre ist kleiner und leichter als die linke.

Lobus frontalis. Dieser Lappen wird nach hinten von einer deutlichen Fissura centralis begrenzt, die durch eine starke Windung von der Margo falcata getrennt ist.

Der *Gyrus centralis anterior* ist kräftig und relativ gut entwickelt. Der zur medialen Hirnoberfläche gehörende Theil der Windung ist undeutlich abgegrenzt vom Gyrus cinguli, da nämlich die Fissura callosomarginalis an dieser Stelle blos durch eine unregelmässige Einsenkung angedeutet ist. Er geht nach vorn in den Gyrus frontalis superior über.

Nach unten wird der Gyrus centralis anterior von einer accessorischen Windung fortgesetzt, die nach hinten in eine andere gleiche

Windung übergeht, welche letztere nach oben in den Gyrus centralis posterior und den Gyrus parietalis inferior übergeht.

Diese beiden accessorischen Windungen ersetzen hier die Insula, die auf keine andere Weise angedeutet ist. Dieses Rindengebiet grenzt nach vorn an den Gyrus frontalis inferior, nach oben geht es in den Gyrus centralis anterior über, nach oben und hinten in den Gyrus centralis posterior und den Gyrus parietalis inferior, nach unten wird es vom hintern Schenkel der Fissura Sylvii begrenzt.

Der *Gyrus frontalis superior* ist relativ kräftig entwickelt und aus mehreren kleinen Windungen zusammengesetzt. Seine Begrenzung gegen den Gyrus cinguli ist undeutlich und blos angedeutet durch eine ungleiche Einsenkung.

Der *Gyrus frontalis medius* ist blos in seinem hintern Theile gut begrenzt; nach vorn zu wird er durch einige horizontal verlaufende Windungen repräsentirt, die zwischen dem Gyrus frontalis superior und inferior liegen. Sein orbitaler Theil ist wohl markirt.

Der *Gyrus frontalis inferior* ist gut begrenzt.

Die Windungen an der Orbitalfläche des Frontallappens entspringen aus der Gegend der Substantia perforata antica und verlaufen radiär: der Gyrus olfactorius nach vorn, die Orbitalwindungen des Gyrus frontalis medius und inferior nach vorn und aussen, die vordere accessorische Windung gerade nach aussen und die hintere nach aussen und hinten.

Lobus parietalis. Der *Gyrus centralis posterior* ist relativ gut entwickelt und begrenzt. Sein Uebergang in die hintere accessorische Windung ist oben erwähnt.

Der *Gyrus parietalis superior* ist an der medialen Hirnoberfläche nicht abgegrenzt vom Gyrus cinguli, sowie, da die Fissura occipitalis interna nicht bis an die Margo falcata hinauf reicht, in ziemlich grosser Ausdehnung zusammenhängend mit dem Gyrus occipitalis superior. Die Rinde ist nicht gefaltet, sondern bildet eine von einigen undeutlichen Einsenkungen markirte, verhältnissmässig glatte Fläche.

Der *Gyrus parietalis inferior anterior* ist um einen Zweig des hintern Schenkels der Fissura Sylvii gewunden.

Der *Lobus occipitalis* nimmt nur einen unbedeutenden Theil der lateralen Hirnoberfläche ein und wird hier repräsentirt durch eine mit dem Gyrus parietalis superior direkt zusammenhängende Windung, die am untern Rande der Hemisphäre sich überschwingt in den Gyrus occipitalis inferior externus und internus, die deutlich von einander getrennt sind.

Die *Fissura calcarina* gehört der untern Hirnoberfläche an. Der zwischen dieser und der Fissura occipitalis interna liegende Theil des Gyrus occipitalis superior (*Cuneus*) ist relativ kräftig entwickelt und, wie erwähnt, nach vorn und oben nicht abgegrenzt vom Gyrus parietalis superior.

Der **Lobus temporalis** ist im Verhältniss zu den Frontal- und Parietallappen schwach entwickelt, insbesondere sein vorderer Theil, weshalb die Substantia perforata antica in grösserer Ausdehnung als normal blosliegt.

Lobus falciformis. Der *Gyrus hippocampi* hängt nicht mit dem Gyrus cinguli zusammen, sondern geht nach hinten direkt in den Gyrus occipitalis inferior internus über.

Der *Gyrus cinguli* ist, wie erwähnt, undeutlich getrennt vom Gyrus frontalis superior, centralis anterior und parietalis superior. Nach hinten geht die nicht gefaltete Rindenfläche, die diese Windung im Boden der seichten Fissura occipitalis interna vertritt, in den Gyrus occipitalis superior (Lob. cuneus) über, der mit seiner obern Spitze zwischen diese Windung und den Gyrus hippocampi sich einschiebt.

Nach unten wird die Windung von einem seichten Sulcus vom Corpus callosum abgegrenzt.

Am weitesten nach hinten, wo das Corpus callosum fehlt, hängt die Windung mit dem hintern Ende der Fascia dentata Tarini zusammen, die in einer Ausdehnung von 1,5 cm blosliegt zwischen Cuneus, Gyrus cinguli und Gyrus hippocampi.

Der **Lobus centralis** ist durch 2 der lateralen Hirnoberfläche angehörige accessorische Windungen ersetzt, die oben bei dem Lobus frontalis beschrieben sind.

Die **linke Hemisphäre** verhält sich wie die rechte, mit der Ausnahme, dass die Fissura occipitalis interna hier ganz fehlt, weshalb der Gyrus parietalis superior und der Gyrus cinguli ohne Grenze in den Gyrus occipitalis superior übergehen. Die Fissura calcarina ist blos angedeutet durch eine undeutliche Einsenkung. Die mediale Oberfläche des Occipitallappens bildet eine faltenlose, von seichten Einsenkungen schwach markirte Fläche.

Das **Corpus callosum**, dessen hinteres Fünftel fehlt, wird durch eine ungefähr 1 mm dicke Membran gebildet, die nach hinten mit einem dünnen, concaven Rande 12 mm vor der Stelle abschliesst, wo der Fornix in die Fimbria sich umbiegt.

Der *Fornix*, der aus einem paarigen, blos in der vordern Hälfte des Corpus fornicis mit beiden Hälften zusammenhängenden Gebilde besteht, ist überall durch das Septum pellucidum von der untern Fläche des Corpus callosum getrennt.

Die *Commissura anterior* fehlt dicht hinter den Columnae fornicis, aber neben der Commissura mollis befindet sich eine kleine, aus horizontal verlaufenden Fasern bestehende Commissur.

Die *Ventrikel* sind stark ausgedehnt, besonders an der rechten Seite, und die Hemisphärenwand selbst hat nur 5—10 mm Dicke.

Centralganglien und **Kleinhirn** bieten makroskopisch nichts Abnormes dar.

Der **Pons** ist unsymmetrisch, indem die rechte Hälfte kleiner ist als die linke.

Mikroskopische Untersuchung der Hirnrinde.

Lobus frontalis. *Gyrus centralis anterior.* Die 1. Schicht, die 0,20 mm an Dicke misst, verhält sich normal.

Darauf folgt eine 2 mm dicke Schicht, bestehend aus gleich grossen Zellen, die $6 - 8\,\mu \times 10 - 12\,\mu$ messen, rundliche, birnenähnliche Form haben, grosse Kerne und wenige feine Fortsätze. Sie kommen in einer Anzahl von 5 in $[0,1\text{ mm}]^3$ vor. In der tiefsten Hälfte der Schicht kommen sehr spärlich, zum Theil etwas grössere Zellen ($8 - 10\,\mu \times 20\,\mu$) mit deutlicher Spindelform vor.

Der *Gyrus frontalis superior* verhält sich in dem zur lateralen und medialen Hirnoberfläche gehörenden Theile wie der vorhergehende Gyrus, mit der Ausnahme, dass, je mehr man sich der Spitze des Frontallappens nähert, desto mehr grössere ($10 - 12\,\mu \times 12 - 14\,\mu$) Zellen in den tieferen Theilen der Zellenschicht sich finden. Die Zellen haben entweder Spindelform oder Pyramidenform und an den Seitenflächen finden sich mehr solche Zellen als in der Kuppe der Windung.

Im orbitalen Theile der Windung findet sich eine deutliche Spindelzellenschicht, bestehend aus Spindelzellen, die $5\,\mu \times 20\,\mu$ messen und in einer Menge von 10 in $[0,1\text{ mm}]^3$ vorkommen. Ueber dieser Schicht finden sich in einfacher oder doppelter Reihe grosse Spindelzellen, die 8 — 10 μ × 30 μ messen. Von diesen Zellen aus bestehen mehrere Uebergangsformen bis zu grossen Pyramidenzellen. Zwischen den übrigen Zellen, die dieselbe Form und Grösse haben wie diejenigen im Gyrus centralis anterior, finden sich auch vereinzelte grössere (12 μ × 12 — 14 μ) Zellen mit Spindel- oder Pyramidenform und gröberen Fortsätzen als die übrigen. Diese grösseren Zellen kommen in einer Anzahl von 2 in [0,1 mm]³ vor, während die andern, weniger entwickelten sich in einer Anzahl von 8 in [0,1 mm]³ finden.

Der *Gyrus frontalis medius* verhält sich wie der orbitale Theil der vorhergehenden Windung, aber hier finden sich mehr grössere Zellen mit deutlicher Pyramidenform zwischen den kleinen unentwickelten Zellen. Diese grösseren Pyramidenzellen, die bedeutend kleiner als normal sind, kommen in einer Anzahl von 3 in [0,1 mm]³ vor. Sie sind gleich gering an Zahl in allen Theilen der Schicht.

Der *Gyrus frontalis inferior* verhält sich in der hintern Hälfte des zur lateralen Hirnoberfläche gehörenden Theiles wie der Gyrus centralis anterior, in den übrigen Theilen wie der orbitale Theil des Gyrus frontalis superior.

Zahlreich im Mark und vereinzelt in der Rinde kommen runde Zellelemente vor, ähnlich weissen Blutkörperchen, aber geringer an Grösse und stärker lichtbrechend als diese. Sie sind nicht besonders längs der Gefässe angeordnet. Die Stützsubstanz erscheint möglicherweise etwas dichter als normal. Anzahl der Gefässe etwas grösser als normal.

Die Associationsfaserschicht der ersten Schicht ist schwächer als normal in den am wenigsten entwickelten Gebieten.

Lobus parietalis. *Gyrus centralis posterior.* Die Zellen sind in 2 Schichten angeordnet, einer oberflächlicheren, die aus 10 μ × 12 — 15 μ grossen Zellen besteht, die der Form nach den embryonalen Zellen gleichen, und einer tieferen Spindelzellenschicht. An der Grenze zwischen diesen beiden Schichten finden sich vereinzelt grössere, 12 — 14 μ × 15 — 18 μ grosse Zellen von deutlich pyramidaler Form.

Im *Gyrus parietalis superior* und *inferior* findet sich blos eine einzige Zellenschicht, die 2 mm dick ist und aus gleichgrossen Zellen von embryonaler Form und Struktur zusammengesetzt ist. Die Anzahl derselben beträgt ungefähr 5 in [0,1 mm]³. Runde Zellelemente, etwas kleiner als weisse Blutkörperchen, kommen im Mark und, obwohl spärlich, auch in der Rinde vor.

Die Zahl der Gefässe ist vermehrt, besonders im hintern Theile des Lappens.

Die Fasern der Associationsfaserschicht der 1. Schicht sind deutlich geringer an Zahl.

Lobus occipitalis. Die Rinde in dem zur *lateralen Hirnfläche* gehörenden Theile der Windung hat denselben Bau wie die im Gyrus centralis posterior.

Die Rinde *der medialen Fläche* ist zusammengesetzt aus einer Schicht kleiner Zellen von ungefähr normaler Grösse, die aber in geringerer Anzahl als normal vorkommen.

Zwischen diesen Zellen kommen vereinzelte Pyramidenzellen ($14\mu \times 20\mu$) vor. Sie sind nicht in eine besondere Schicht geordnet, sondern kommen zerstreut zwischen den kleinern Pyramidenzellen vor.

Runde Zellelemente, denen gleichend, die in den übrigen Lappen vorkommen, finden sich reichlich im Mark, spärlich in der Rinde. Die Stützsubstanz erscheint dichter als normal. Die Zahl der Gefässe ist vermehrt.

Die Associationsfasern der ersten Schicht sind an Zahl geringer als normal.

Lobus temporalis. *Gyrus temporalis superior.* Die Zellen sind hier in 2 Schichten geordnet, eine oberflächliche, bestehend aus unentwickelten Zellen, die $10\mu \times 14\mu$ messen und in einer Anzahl von 10 in $[0,1 \text{ mm}]^3$ vorkommen, und eine tiefere, aus Spindelzellen bestehende Schicht.

An der Grenze zwischen diesen kommen vereinzelte grössere Pyramidenzellen vor und Uebergangsformen zwischen solchen und Spindelzellen. Sie messen bis 14μ in der Breite.

In der vordern Hälfte der Windung sind diese grossen Zellen zahlreich und in 2 Reihen geordnet, die der tieferen Hälfte der 3. Schicht und der Ganglienzellenschicht entsprechen. Sie sind in der hintern Hälfte der Schicht an Zahl gering wie auch sämmtliche übrigen Zellen.

Die Rinde in den *übrigen Temporalwindungen* hat dieselbe Zusammensetzung wie im hintern Theile der vorhergehenden Windung. Spärliche runde Zellelemente im Mark und blos ganz vereinzelte in der Rinde.

Die Stützsubstanz erscheint etwas dichter als normal. Die Anzahl der Gefässe ist vermehrt.

Die Associationsfaserschicht der 1. Schicht ist schwächer als normal.

Lobus falciformis. Der *Gyrus hippocampi* zeigt keine anderen Abweichungen vom Normalen, als dass die Zellen an Zahl und Grösse geringer sind als normal.

Die Rinde im *Gyrus cinguli* ist aus 2 Schichten gebildet, einer oberflächlichen aus an Zahl geringen, unentwickelten Zellen und einer tieferen aus Spindelzellen bestehenden Schicht.

Wenige runde Zellelemente in Mark und Rinde. Die Stützsubstanz ist dichter als normal und die Zahl der Gefässe vermehrt.

Die Associationsfasern der 1. Schicht sind an Zahl geringer als normal.

Lobus centralis. Die accessorischen Windungen, die die Insularinde vertreten, haben denselben Bau wie der orbitale Theil des Gyrus frontalis superior.

Die **centralen Ganglien** zeigen mikroskopisch nichts Abnormes..

Der **Pons** ist unsymmetrisch, indem sämmtliche Bahnen in der rechten Hälfte kleiner sind, als auf der linken Seite.

Kleines Gehirn. Sowohl im Vermis als in den Hemisphären sind die Purkinje'schen Zellen und die Zellen der Körnerschicht an Anzahl geringer als normal.

Anzahl der Gefässe vermehrt.

Epikrise.

Die **klinischen Symptome** in diesem Falle sind zusammengefasst folgende:

Auffassung höchst unvollständig oder gar nicht vorhanden.
Höhere psychische Funktionen fehlen ganz. Pat. kann nicht sprechen.
Sehvermögen unvollständig (nur gröbere Perception).
Hörvermögen etwas lebhafter, aber auch hier nur gröbere Perception.
Parese in obern Extremitäten und Rumpf; *Paralyse* in den untern.
Keine coordinirten Bewegungen mit Rumpf oder Gliedern.
Reflexe lebhaft.
Isolirte *Zuckungen* in Gesicht und Fingern.
Epileptiforme Anfälle.

Die **pathologisch-anatomischen Veränderungen** sind folgende:
Die *Schädelsuturen* nicht geschlossen.

Das *Gewicht* und *sämmtliche Maasse des Gehirns* bedeutend unter der Norm.

Linke Hemisphäre grösser als rechte.

Temporallappen makroskopisch von sämmtlichen Lappen am schwächsten entwickelt.

Die Rinde an der lateralen Oberfläche des Gehirns ist reichlich, die an der medialen wenig gefaltet. Am wenigsten gefaltet ist sie am Gyrus cinguli und an der medialen Fläche des Occipitallappens.

Zwei *accessorische Windungen* an der lateralen Fläche des Gehirns vertreten die Rinde in der Insula, die sonst vollständig fehlt.

Corpus callosum membranartig. Sein hinteres Fünftel fehlt.

Die *Commissura anterior* fehlt an der normalen Stelle und ist durch eine neben der Commissura mollis liegende accessorische Commissur ersetzt.

Rechte Ponshälfte kleiner als linke.

Die *feineren Veränderungen in der Hirnrinde* waren folgende:

Am wenigsten entwickelt ist die Rinde im *Gyrus centralis anterior*, in der hintern Hälfte des zur lateralen Hirnoberfläche gehörenden Theiles des *Gyrus frontalis inferior* und im *Gyrus parietalis superior* und *inferior*, wo die Zellen in einer einzigen Schicht angeordnet sind. An *Form* und *Struktur* gleichen sie embryonalen Zellen, an *Grösse* übertreffen sie diese bedeutend, aber sie sind kleiner als bei normalen Individuen desselben Alters. Sie kommen in einer bedeutend geringeren Anzahl vor als bei gleichaltrigen normalen Individuen.

Etwas mehr entwickelt ist die Rinde in dem zur lateralen Hirnoberfläche gehörenden Theile *des Gyrus frontalis superior*, wo die tieferen Zellen in der Schicht anfangen an Grösse zuzunehmen und Pyramidenform angenommen haben.

In einem höheren Stadium steht die Rinde im *orbitalen Theile des Gyrus frontalis superior*, im ganzen *Gyrus frontalis medius*, in den übrigen Theilen des *G. frontalis inferior*, *centralis posterior*, dem zur lateralen Hirnoberfläche gehörenden Theile des *Gyrus occipitalis superior*, in den *Windungen des Temporallappens*, sowie im *Gyrus cinguli*, wo eine Spindelzellenschicht hinzugekommen ist.

In einem noch höheren Stadium der Entwickelung steht die Rinde in dem zur *medialen Hirnoberfläche* gehörenden Theile des *Occipitallappens*, wo die kleinen Zellen normale Grösse und Form haben, wo aber die grösseren Pyramidenzellen kleiner als normal und nicht in deutlich ausgeprägten Schichten angeordnet sind. Sämmtliche Zellen sind auch an Anzahl geringer als normal.

Am meisten entwickelt ist die Rinde im *Gyrus hippocampi*, wo nur die Zellen etwas geringer an Grösse und Anzahl sind als normal.

Im *Kleinhirn* sind die Purkinje'schen Zellen und die Kornzellen geringer an Zahl.

Diagnose.

Die höchst unvollständige Auffassungskraft mit dem Fehlen aller psychischen Funktionen berechtigen uns, diesen Fall in die Gruppe A. Blödsinnige zu setzen.

Was die *pathologisch-anatomischen Veränderungen* in dem Falle betrifft, so können aus denselben Gründen wie im vorhergehenden Falle die *klinischen Symptome* nicht erklärt werden durch die hier vorhandene *Mikrocephalie*, die *Ungleichheit* in dem gegenseitigen Verhalten der *Hirnhälften*, der *Hirnlappen* und der *Windungen* oder die *unvollständige Entwicklung* des *Corpus callosum*.

Die *Verkleinerung* der *rechten Ponshälfte* ist ein Ausdruck für die Verminderung der weissen Substanz in der rechten Hirnhälfte.

Was die runden Zellelemente, die Gefässvermehrung und die Verminderung der Associationsfaserschicht betrifft, haben diese Momente dieselbe Bedeutung wie im vorhergehenden Falle.

Was die *feineren Veränderungen* in der *Hirnrinde* betrifft, so können sie auch in diesem Falle auf eine Entwicklungshemmung der Hirnrinde zurückgeführt werden.

Das am wenigsten entwickelte Gebiet (mit einer Zellenschicht, deren tiefste Zellen sich zu differenziren beginnen) entspricht einem Entwicklungsstadium, wie es sich zu Anfang des 6. Fötalmonats findet.

Das zunächst höhere (mehrere der tieferen Zellen haben deutliche Pyramidenform) entspricht einem Stadium, wie es im letzten Theile des 6. Monats angetroffen wird.

Das demnächst höhere (eine Spindelzellenschicht ist hinzugekommen) entspricht einem Stadium im 8. Monat.

Ein anderes Gebiet schliesslich entspricht einem Stadium, das im letzten Theile des Fötallebens angetroffen wird.

Ein Gebiet, der Gyrus hippocampi, hat in Bezug auf Anordnung und Form der Zellen eine dem Alter entsprechende Entwicklung erlangt, aber Anzahl und Grösse der Zellen sind bedeutend unter den normalen Verhältnissen.

Auch in diesem Falle dürfte also bis zum Anfange des 6. Fötalmonats die Entwicklung der Hirnrinde normal vor sich gegangen sein, aber zu dieser Zeit trat ein Moment ein, das die weitere Entwicklung der Rinde entweder vollständig oder theilweise unmöglich machte. Das Corpus callosum ist in diesem Falle in einem späteren Stadium in seiner Entwicklung gehemmt worden, als im vorhergehenden Falle.

Halten wir nun die *klinischen Symptome* mit den gefundenen *pathologisch-anatomischen Veränderungen* in dem Falle zusammen, so können auch hier die Störungen der *Sinnesorgane*, der *Motilität* und der *Sprache* durch die *unvollständige Entwicklung der betreffenden Rindencentra* vollständig erklärt werden.

Das *vollständige Fehlen höherer psychischer Funktionen* erklärt sich genügend dadurch, dass der grösste Theil der Hirnrinde nicht mehr entwickelt ist, als die normale Hirnrinde im *letzten Theile des Embryonallebens* (und dass das kleine Gebiet (*Gyrus hippocampi*), das eine höhere Entwicklung erreicht hat, nicht den dritten Theil der Anzahl von Nervenzellen hat, wie ein entsprechendes normales Rindengebiet).

Fall 3.

Lovisa Nilsson, 10 Jahre alt, gestorben am 18. Jan. 1889 an allgemeiner Entkräftung.

Krankengeschichte.

Von Nerven- oder Geisteskrankheiten in der Verwandtschaft der Pat. ist nichts bekannt.

Pat. überstand im Alter von 1 Jahre Scarlatina.

Die ersten Symptome der Krankheit wurden während des 1. Lebensjahres bemerkt und bestanden darin, das Pat. nicht die Aufmerksamkeit auf das richtete, was um sie herum vor sich ging, und dass sie nicht sah. Sie nährte sich schlecht, hatte eine dürftige und schwächliche Körperconstitution, lernte nicht essen und hielt sich unreinlich.

Bei der Aufnahme in der Anstalt war ihr Zustand folgender:

Pat., die von normaler Körperlänge und schwächlichem Körperbau ist, sitzt den ganzen Tag still auf einem Stuhle.

Aeusserst unvollständige *Auffassung* dessen, was um sie herum sich zuträgt.

Gemüthsstimmung gleichmässig, *Gedächtniss* und *Gedankenthätigkeit* fehlen.

Sie erkennt weder Personen, noch Gegenstände, versteht nicht, was gesprochen wird, und kann nicht ein Wort sagen. Giebt durch Schreien Unbehagen zu erkennen.

Cranialnerven. I. Ueber den *Geruch* ist nichts bekannt.
II. Pat. ist vollständig *blind*. Die Bulbi sind klein und unentwickelt.
III, IV, VI. Keine *Augenbewegungen*.
V. VII. *Gefühl* und *Beweglichkeit* im Gesicht fehlen nicht.
VIII. *Hörvermögen* fehlt nicht.
IX. *Geschmack* fehlt nicht.
X, XI, XII. Nichts Abweichendes.
Sensibilität normal.
Motilität. Bewegungen träg. Paresen oder Coordinationsstörungen finden sich nicht, aber Pat. ermüdet leicht beim Gehen und bei Bewegungen mit den Händen. Sie führt spontan keine Bewegungen aus.
Keine *Zuckungen*.
Keine *trophischen* oder *vasomotorischen* Störungen.

Sektion.

An der *Hirnschale* und an der *harten Hirnhaut* ist nichts Bemerkenswerthes.

Das *Gehirn*, in Müller'scher Flüssigkeit gehärtet, wiegt 1114 g, die rechte Hemisphäre 492, die linke 481, Pons und Medulla oblongata mit dem Kleinhirn 141.

Die Hemisphären messen in der Länge 15 cm.

Makroskopische Untersuchung der rechten Hemisphäre.

Lobus frontalis. Der *Gyrus centralis anterior* ist etwas schwächer als die *übrigen Frontalwindungen*, die alle kräftig und von normaler Begrenzung sind.

Lobus parietalis. Der *Gyrus centralis posterior* hat ungefähr dieselbe Grösse wie die vordere Centralwindung. Die *übrigen Parietalwindungen* kräftig und normal entwickelt.

Der **Lobus occipitalis** ist bedeutend schwächer als die übrigen Lappen, die Windungen sind klein und oft durch kleine Sulci unterbrochen.

Lobus temporalis gut entwickelt mit normal verlaufenden Windungen.

Lobus falciformis. Der *Gyrus cinguli* ist blos in seinem vorderen Theile gut begrenzt. Die Grenze gegen den Gyrus parietalis superior ist nur angedeutet durch einige undeutliche Einsenkungen.

Der **Lobus centralis** ist gut entwickelt.

Die **linke Hemisphäre** verhält sich wie die rechte, mit der Ausnahme, dass der Gyrus cinguli hier deutlicher begrenzt ist.

Corpus callosum, *Fornix* und *Commissura anterior* normal.

Ventrikel nicht ausgedehnt.

Nervi optici und *Tractus* sehr dünn. *Corpora geniculata externa* klein. Im Uebrigen zeigen die **centralen Ganglien, Pons, Medulla oblongata** und **Kleinhirn** nichts Abnormes.

Mikroskopische Untersuchung der Hirnrinde.

Lobus frontalis. *Gyrus centralis anterior.* Die Rinde, die 2 mm an Dicke misst, zeigt überall eine normale Anordnung der verschiedenen Schichten. Die Zellen, die eine etwas geringere Grösse als die normale haben, kommen in geringerer Zahl als normal vor, ungefähr 8 in $[0{,}1 \text{ mm}]^3$ [1]). Gruppen von Riesenzellen kommen an normalen Stellen vor und, wie es scheint, in ungefähr normaler Anzahl.

Im *Gyrus frontalis superior* und *medius* ist die Anordnung der verschiedenen Schichten normal. Die Zellen sind klein und haben eine mehr abgerundete Form und feinere Fortsätze als gewöhnlich. Sie messen in der Pyramidenzellenschicht $8\,\mu \times 10 - 15\,\mu$ und kommen in geringerer Anzahl als normal vor, ungefähr 6 in $[0{,}1 \text{ mm}]^3$.

In den tieferen Theilen der 3. Schicht und der Ganglienzellenschicht finden sich grössere Zellen, die $14 - 16\,\mu \times 20 - 25\,\mu$ messen und in einer Anzahl von ungefähr 5 in $[0{,}1 \text{ mm}]^3$ vorkommen.

Im *grösseren Theile* des *Gyrus frontalis inferior* sind die Zellen in 2 Schichten angeordnet, einer aus kleinen unentwickelten Zellen bestehenden oberflächlicheren und einer tieferen Spindelzellenschicht. Die grösseren Zellen zwischen diesen beiden Schichten sind sehr gering an Zahl.

---

[1] Hier ist zu beachten, dass das Präparat in Müller'scher Flüssigkeit gehärtet war, weshalb die Bestimmung der Anzahl nicht vollständig vergleichbar ist mit den Bestimmungen der normalen Verhältnisse.

Im *hintern Theile* des zur lateralen Hirnoberfläche gehörenden Theils der Windung sind die Zellen in einer einzigen Schicht angeordnet und haben die Form und die Struktur unentwickelter Zellen. Sie sind geringer an Zahl und Grösse als normal.

Kleine runde Zellen, weissen Blutkörperchen ähnlich, aber kleiner als diese und stärker lichtbrechend, finden sich im ganzen Lappen, sowohl in der Rinde, als im Mark. Die Anzahl der Gefässe in der Rinde ist überall vermehrt. Die Stützsubstanz erscheint dichter als normal.

Die Associationsfaserschicht der ersten Schicht ist im ganzen Lappen, besonders in dessen vorderem Theil, schwächer als normal.

Lobus parietalis. Der *Gyrus centralis posterior* ist, ausser in dem zur medialen Hirnoberfläche gehörenden Theile, der dem Gyrus centralis anterior gleicht, aus kleinen, unentwickelten Zellen zusammengesetzt, die $8-10\,\mu \times 10-18\,\mu$ messen und etwas reichlicher als im Frontallappen vorkommen, ungefähr 12 in $[0{,}1\text{ mm}]^3$. Blos einzelne grössere Pyramidenzellen ($12-14\,\mu \times 20\,\mu$) im tiefsten Theile der 3. Schicht und in der Ganglienzellenschicht.

Der *Gyrus parietalis superior* und *inferior* sind charakterisirt durch kleine ($8-10\,\mu \times 10-14\,\mu$) unentwickelte Zellen in einer Anzahl von 10 in $[0{,}1\text{ mm}]^3$, die eine 1,5 mm breite Schicht bilden. Blos vereinzelte grössere Zellen ($14\,\mu \times 20\,\mu$) kommen in der tieferen Hälfte der Schicht vor. Die Spindelzellenschicht ist schwach, 0,30 mm dick. Die Zellen messen $8\,\mu \times 20\,\mu$ und kommen in einer Anzahl von 12 in $[0{,}1\text{ mm}]^3$ vor. Ueberall im Lappen, sowohl im Mark als in der Rinde, kommen Zellelemente vor, die weissen Blutkörperchen gleichen.

Die Anzahl der Gefässe ist sehr vermehrt. Manche der kleinen Gefässe sind mit kleinen, ampullären Erweiterungen versehen.

Die Associationsfaserschicht der ersten Schicht ist schwächer als normal.

Occipitallappen. Der *Gyrus occipitalis superior* zeigt in dem zur lateralen Hirnoberfläche gehörenden Theile der Windung eine Anordnung der Zellen in 2 Schichten, einer Pyramidenzellenschicht und einer Spindelzellenschicht. Sämmtliche Zellen sind bedeutend kleiner als normal und gleichen den unentwickelten Zellen in andern Windungen. Sie messen in der oberen Hälfte der Rinde $8-10\,\mu \times 10-15\,\mu$ und kommen in geringerer Anzahl vor als normal. Blos vereinzelte grössere Pyramidenzellen kommen in dem tieferen Theil der Pyramidenzellenschicht vor.

Der zur medialen Hirnoberfläche gehörende Theil der Windung sammt der Spitze des Occipitallappens selbst zeigen eine Andeutung von normaler Anordnung der verschiedenen Schichten. Die Rinde misst an Dicke 2 mm. Die Zellen sind hier alle gleich gross, messen 6 — 8 μ × 10 μ und kommen, sowohl in den zellenreicheren wie in den zellenärmeren Schichten in geringerer Anzahl als normal vor. Grössere Pyramidenzellen fehlen ganz.

Gyrus occipitalis inferior externus und *internus* gleichen dem zur lateralen Hirnoberfläche gehörenden Theile der Windung.

Wenige runde Zellelemente sowohl in Rinde als Mark. Die Stützsubstanz erscheint dichter als normal. Anzahl der Gefässe vermehrt.

Associationsfaserschicht der ersten Schicht schwächer als normal.

Lobus temporalis. Die Rinde im *hintern Theile* des Lappens ist zusammengesetzt aus kleinen unentwickelten Zellen in 2 Schichten. In der vorderen Hälfte sind sämmtliche Schichten gut ausgebildet, die Zellen grösser (10 — 12 — 14 μ × 20 μ) und in dem tiefsten Theile der Pyramidenschicht, sowie in der Ganglienzellenschicht kommen, in einer einfachen Reihe oder zerstreut, grössere Pyramidenzellen vor, die 16 — 18 μ × 25 — 30 μ messen; die Spindelzellenschicht ist hier kräftig entwickelt.

Im ganzen Lappen finden sich runde Zellelemente sowohl in der Rinde als im Marke.

Menge der Gefässe vermehrt.

Die Stützsubstanz erscheint dichter als normal.

Die Associationsfaserschicht der 1. Schicht ist etwas schwächer als normal, besonders im hintern Theile des Lappens.

Lobus falciformis. Der *Gyrus hippocampi* zeigt normale Verhältnisse, ausgenommen dass die Zellen an Zahl und Grösse geringer als normal sind.

Der *Gyrus cinguli* zeigt normale Anordnung der Schichten. Die Zellen sind blos kleiner als normal (10 μ × 15 μ) und kommen in geringerer Anzahl als normal vor, 10 in [0,1 mm]³.

Kleine runde Zellelemente, etwas kleiner als Kornzellen, kommen überall vor, am reichlichsten im basalen Theile der Schicht.

Im **Lobus centralis** ist die Rinde ebenfalls aus unentwickelten Zellen in 2 Schichten zusammengesetzt. Keine grösseren Pyramidenzellen. Anzahl der Gefässe vermehrt.

Die Untersuchungen in Bezug auf die *Nervi optici* und die *Centralganglien* sollen an einem andern Orte publicirt werden [1]).

Pons und **Medulla oblongata** bieten nichts Abnormes dar.

---

1) Der Verfasser starb am 1 Nov. 1893, 5 Monate nach dem Erscheinen dieser Abhandlung.

Kleines Gehirn. In den Hemisphären, sowie, obwohl in geringerem Grade, auch im Vermis sind die Purkinje'schen Zellen und die Zellen der Körnerschicht an Menge reducirt.

Anzahl der Gefässe vermehrt.

Anzahl der Nervenfasern vermindert.

Epikrise.

Die **klinischen Symptome** sind, kurz zusammengefasst, folgende: *Auffassung* äusserst unvollständig.

Höhere psychische Funktionen fehlen ganz. Pat. kann nicht reden. Sie ist vollständig *blind*. Die Augäpfel sind klein und unentwickelt. *Bewegungen* träg. Keine spontanen Bewegungen.

Die **pathologisch-anatomischen Veränderungen** sind, kurz zusammengefasst, folgende:

Die *Occipitallappen* sind kleiner als normal. Die Verkleinerung betrifft die laterale Oberfläche eben so viel wie die mediale.

Die *feineren Veränderungen in der Hirnrinde* sind folgende:

Am wenigsten entwickelt ist die Rinde im hintern Theile des *Gyrus frontalis inferior*, wo grosse Pyramidenzellen vollständig fehlen und die übrigen Zellen in einer einzigen Schicht angeordnet sind.

Einen etwas höheren Entwicklungsgrad zeigt die Rinde im übrigen Theile des *Gyrus frontalis inferior*, im *Gyrus parietalis superior, inferior* und in dem zur lateralen Hirnoberfläche gehörenden Theil des *Gyrus occipitalis superior*, in den hintern Theilen des *Temporallappens* und im *Lobus centralis*, wo sich eine Spindelzellenschicht findet.

Die Rinde in dem zur medialen Hirnoberfläche gehörenden Theile des *Gyrus occipitalis superior* steht in einem etwas höheren Entwicklungsstadium, da die normale Anordnung der Schichten und kleinen Zellen angedeutet ist; aber sämmtliche Zellen bleiben sowohl der Grösse wie der Anzahl nach etwas unter der Norm. Grosse Pyramidenzellen in den Zwischenschichten fehlen ganz.

Auf einer noch höheren Entwicklungsstufe steht die Rinde im *Gyrus frontalis superior* und *medius*, sowie im *Gyrus centralis posterior*, wo die Anordnung der verschiedenen Lagen vollständig normal ist, aber die meisten Zellen an *Form* unentwickelten Zellen gleichen und an *Grösse* und Anzahl hinter dem Normalen zurückbleiben. Die grösseren Pyramidenzellen in der 3. Schicht und Ganglienzellenschicht sind geringer an Grösse und Zahl als normal.

Etwas mehr entwickelt ist die Rinde im vordern Theil des *Gyrus temporalis*, wo die grösseren Pyramidenzellen im tiefsten Theile der 3. Schicht und in der Ganglienzellenschicht etwas zahlreicher sind, ohne jedoch die normalen Verhältnisse in Bezug auf Grösse und Anzahl zu erreichen.

Den höchsten Entwicklungsgrad zeigt die Rinde im *Lobus falciformis* und *Gyrus centralis anterior*, da sämmtliche Zellen hier die normale Form und Anordnung haben und nur Abweichungen in Bezug auf Anzahl und Grösse sich finden.

Runde Zellelemente, ähnlich denen in den vorhergehenden Fällen finden sich reichlich im Mark und, obwohl spärlicher, in der Rinde in allen Lappen. Die Stützsubstanz ist etwas dichter als normal, besonders in den an Zellen ärmsten Gebieten. Die Anzahl der Gefässe ist vermehrt. Keine Veränderungen in den Gefässwandungen oder um dieselben herum.

Die Associationsfaserschicht überall vermehrt.

Diagnose.

Die höchst *unvollständige Auffassung* und das *Fehlen der höheren psychischen Funktionen* berechtigen uns, auch diesen Fall zu der *schwersten* Form der Idiotie zu rechnen.

In Bezug auf die psychischen Defekte stimmt der Fall also mit den beiden vorhergehenden überein, aber er weicht darin von ihnen ab, dass die Motilität nicht in so hohem Grade herabgesetzt war und dass das Sehvermögen ganz fehlte.

In Bezug auf die *pathologisch-anatomischen Veränderungen* weicht der makroskopische Befund in hohem Grade von denen in den vorhergehenden Fällen ab.

Hier liegen das Gewicht des Gehirns und sämmtliche Maasse in normalen Grenzen. Was das Verhältniss zwischen den verschiedenen Gehirntheilen betrifft, weichen nur die *Occipitallappen* vom Normalen ab.

Zwar hat man früher eine Verkleinerung dieser Lappen in Zusammenhang mit Defekten der Psyche bringen wollen, aber da Fälle mit vollständiger Zerstörung dieser Lappen ohne Störung der Intelligenz bekannt sind, kann eine Verkleinerung derselben die psychischen Defekte in diesem Falle nicht erklären.

Die *feineren Veränderungen in der Hirnrinde* können auch in diesem Falle auf eine *Entwicklungshemmung* der Hirnrinde zurückgeführt werden.

Das am wenigsten entwickelte Gebiet (mit Zellen in einer einzigen Schicht) entspricht einem Entwicklungsstadium unter normalen Verhältnissen, das sich zu Anfang des 6. Fötalmonats wiederfindet, das zunächst höher entwickelte (mit einer Spindelzellenschicht) entspricht einem Stadium, das sich im 8. Monate findet, das danach höhere (mit Andeutung von sämmtlichen Schichten, wobei aber alle Zellen klein und unentwickelt und an Anzahl geringer als normal sind) entspricht einem Stadium, das sich am Schluss des Embryonallebens findet.

Das Fehlen grosser Pyramidenzellen in diesem Gebiete (Occipitallappen) kann nicht anders erklärt werden, als durch die Annahme, dass ein Theil der Zellen dieses Rindengebiets schon zu Anfang des 6. Fötalmonats in seiner Entwicklung gehemmt wurde, oder auch, dass die fertig gebildeten Zellen zerstört wurden. Das Fehlen von Zellenresten und jedem Zeichen von Atrophie spricht für die erste Annahme. Hierfür spricht auch der Umstand, dass die Anzahl der unentwickelten Zellen im Verhältniss zur Dicke der Rinde in diesem Gebiete auch bei einem Fötus von 6 Monaten ungefähr dieselbe ist.

So gut wie die Rinde in ihrer Gesammtheit in einem Gebiete in ihrer Entwicklung gehemmt werden kann, eben so gut muss auch ein besonderer Theil derselben in seiner Entwicklung stillstehen bleiben können. Wie es hierbei zugeht und über die Ursachen dafür, ist jedoch für uns unmöglich, zu bestimmen.

Die übrigen Rindengebiete können auf Entwicklungsstadien zurückgeführt werden, die sich bei normal Entwickelten zu Anfange des extrauterinen Lebens und im ersten Lebensjahre finden.

Das am meisten entwickelte Gebiet hat eine dem Alter der Pat. entsprechende Entwicklung in Bezug auf Anordnung und Form der Zellen. Anzahl und Grösse der Zellen sind jedoch geringer als normal.

Halten wir nun die *klinischen Symptome* mit den gefundenen *pathologisch-anatomischen Veränderungen* zusammen, so wird die vollständige *Aphemie* hinreichend durch die fehlende Entwicklung der Rinde im *Gyrus parietalis inferior* erklärt.

Die *Trägheit* der Bewegungen und der *Mangel an Willensimpuls* dürfte mit der Verminderung der Zahl und Grösse der Zellen in der *motorischen Region* in Zusammenhang gebracht werden können.

Die Blindheit wird durch mangelnde Entwicklung der *Rinde des Occipitallappens*, sowohl in ihrer Gesammtheit, als auch vor Allem der grösseren Pyramidenzellen in den zellenarmen Zwischenschichten erklärt.

Die geringe *Funktionstüchtigkeit* der übrigen Sinne (es wurde kaum mehr als Perception vorgefunden) steht wohl in Zusammenhang damit, dass die entsprechenden Rindengebiete sich in einem Entwicklungszustande befinden, wie er unter normalen Verhältnissen im *ersten Lebensjahr* gefunden wird.

Die *höchst unvollständige Auffassung* und das Fehlen *höherer psychischer Funktionen* wird gut dadurch erklärt, dass der grössere Theil der Hirnrinde sich in einem Entwicklungsstadium befindet, das bei Normalen zwischen dem *6. Fötalmonat* und dem *1. Lebensjahre* liegt, und dass in den Gebieten, die sich in einem dem Alter entsprechenden Entwicklungsstadium befinden, die Anzahl und die Grösse der Zellen bedeutend geringer ist als normal.

Fall 4.

Thyra Augusta Johansson, 3 Jahre alt, gestorben am 16. Juni 1892 an Pneumonia acuta.

Krankengeschichte.

Die Mutter ist gesund, der Vater unbekannt.

Die Ziehmutter nahm das Kind im Jahre 1890 auf. Es stand damals im 2. Lebensjahre. In Bezug auf die Antecedentien des Kindes war ihr nichts bekannt. Pat. war zu jener Zeit gesund, fett und kräftig. Sie wurde von der Umgebung zwar als spät entwickelt angesehen, aber nicht als Idiot.

Sie zeigte Freude über Kleidung oder dergleichen, lachte mitunter, schrie nie, sondern weinte, wenn sie hungrig wurde.

Sie konnte »Mamma» und »Pappa» und »Puppe» sagen, horchte, wenn ihr Name genannt wurde. Konnte allein sitzen und auf ebenem Boden gehen. Sie schüttelte gewöhnlich mit dem Kopfe, geiferte und knirschte mit den Zähnen.

Vom Herbst 1890 an finden sich keine Nachrichten über sie.

Im Frühjahr 1890 war sie sehr abgemagert und elend, litt an schwerem Lungenkatarrh, der jedoch allmählich verschwand; sie war ganz kahlköpfig, wie rasirt.

Sie war nun mehr stumpf und gleichgültig als früher. Sie bekümmerte sich nicht um Spielen, schöne Sachen und dergleichen. Horchte erst bei wiederholtem Anreden, schien indessen zu hören und auch zu verstehen, wenn sie gescholten wurde, und konnte mitunter lachen.

Sie konnte allein sitzen und auf ebenem Boden gehen, aber sehr wackelnd. Sie fiel leicht um und konnte allein nicht wieder aufstehen. Die Beine waren sehr schwach. Sie ging mit gestreckten Knieen. Die Arme waren stärker.

Sie konnte gar nicht sprechen, kaute keine Speise und wurde stets künstlich getränkt. Was sie trank, pflegte nicht durch die Nase zurückzugehen.

Sie saugte mit der Zunge oben am Gaumen, geiferte und knirschte mit den Zähnen, wie vorher. Sie schrie nie, wenn sie sich schlug.

Vierzehn Tage vor der Aufnahme erkrankte sie mit Fieber, Erbrechen, Husten und Bildung von vielem Schleime. Sie wurde am 26. Mai 1892 im Kinderkrankenhause aufgenommen. Temperatur am 26. Nachmittags 39,6°, Abends 39,6°.

Status praesens am 27. Mai 1892.

Pat. ist für ihr Alter von gewöhnlicher Grösse, aber schwächlich gebaut. Fettpolster und Muskulatur sind etwas schwach entwickelt.

Die Grösse des Kopfes ist normal, die Tubera frontalia sind etwas vorstehend.

Rhachitischer Rosenkranz findet sich vor. Der Körper ist im Uebrigen wohlgebildet.

Aus dem rechten Ohre besteht ein eitriger Ausfluss.

Der Gesichtsausdruck ist starr und deutet auf Schmerz. Pat. schläft viel. Sie ist ruhig und still und jammert nur, wenn sie berührt wird. Sie spricht gar nicht, reagirt nicht auf Anreden, auch nicht auf Kuchen und Spielsachen.

Sie ist gleichgültig gegen Alles, was um sie herum vorgeht.

Gesichtssinn. Pat. kann einen Gegenstand fixiren.

Der *Gehörssinn* erscheint normal.

Der *Schmerzsinn* ist bedeutend herabgesetzt.

Motilität. Pat. kann nicht einmal allein sitzen. Kopf, Arme und Beine zittern beständig, wenn sie wacht, aber nicht, wenn sie schläft. In den Extremitäten findet sich etwas Rigidität.

Die *Reflexe* sind ganz lebhaft. Wird ihr feste Speise gereicht, so kann sie dieselbe zwar kauen, aber es geschieht träg, gleichgültig und unvollständig, aber sie schluckt sie nicht, wenn ihr nicht erst Flüssiges dazwischen gegeben wird.

Das Schlucken ist auch träg und scheint nicht ohne Schwierigkeit vor sich zu gehen. Bei sitzender Stellung fliessen alle Nahrungsmittel, die ihr gegeben werden, wieder aus.

Lippen und Zunge sind nicht atrophisch.

Sie hat einen kurzen, abgebrochenen Husten, ohne Expektorat.

Der Puls hat 144 Schläge in der Minute, die Temperatur beträgt 39°.

Die *objektive Untersuchung* der Brust ergab eine doppelseitige Pneumonie.

Sektion.

Die Leiche ist von schwächlichem Körperbau, bedeutend abgemagert mit geringem Panniculus und atrophischer Muskulatur.

Das Schädeldach ist symmetrisch, von einer eigenthümlichen Form, fast herzförmig, abgerundet spitzig nach vorn und bedeutend breiter nach hinten; von gewöhnlicher Grösse, geringem Diploëgehalt.

Die Dura mater zeigt etwas vermehrte Spannung, besitzt normale Durchsichtigkeit.

Im Sinus longitudinalis findet sich ein kleines Fibrincoagulum und etwas dünnflüssiges Blut. Die Innenseite der Dura mater ist glatt, blass, stark feucht und glänzend. Im Subduralraum etwas vermehrter Flüssigkeitsgehalt.

Arachnoidea durchscheinend, glatt und glänzend. Die Venen mit Blut gefüllt, besonders stark in den hinteren Theilen.

In den vorderen unteren Theilen des rechten Occipitallappens und in den untersten des rechten Parietallappens sieht man an den Windungen stellenweise eine lebhafte Capillarinjektion.

Bei Eröffnung der Basalcysterne floss eine ganz bedeutende Menge Cerebrospinalflüssigkeit ab. Die Häute an der Hirnbasis boten nichts Bemerkenswerthes.

Das Gehirn erscheint etwas klein, die Seitenventrikel mässig weit, Velum interpositum und Plexus chorioideus mit Blut gefüllt.; am Ependym nichts Bemerkenswerthes.

Auf dem Durchschnitt findet sich die Hirnsubstanz in den grossen Hemisphären reichlich mit Blutpunkten versehen, die Rinde ebenfalls blutreich, von dunkel graurother Farbe.

Die Basalganglien, der Pons, das verlängerte Mark und das kleine Gehirn zeigen ebenfalls ziemlich reichlichen Blutgehalt. Die Hirnsubstanz scheint überall etwas fester als normal zu sein.

Das Gehirn wurde nicht gewogen; es wurde in Müller'scher Flüssigkeit gehärtet.

Die Oberfläche des Gehirns zeigt keine Abweichungen von dem Normalen, ausser dass die Centralwindungen, die kräftig entwickelt sind, einen etwas geraderen Verlauf haben als normal. Die Gyri sind kräftig und normal gewunden, Fissuren und Sulci von normaler Tiefe.

Mikroskopische Untersuchung der Hirnrinde. Rechte Hemisphäre.

Lobus frontalis. *Gyrus centralis anterior.* Die Zellen sind im grössten Theile der Windung in deutlichen Schichten angeordnet. Sie haben in der Pyramiden- und Ganglienzellenschicht normale Form und Struktur und sind gleich gross ($5 - 8\,\mu \times 10 - 15\,\mu$). Sie kommen in einer Anzahl vor, die nicht einmal $1/5$ der normalen ausmacht.

Ausser diesen Zellen mit normaler Form finden sich andere, gleich grosse Zellen mit Form und Struktur der Embryonalzellen.

Ausserdem findet sich eine grosse Anzahl rundlicher oder ovaler Zellkörper, deren Protoplasma ein hyalines Aussehen hat und mit den gewöhnlichen Färbmitteln nicht gefärbt wird. Nucleus und Seitenausläufer fehlen, aber im Allgemeinen findet sich ein deutlicher Spitzenfortsatz. Diese Zellkörper finden sich in etwas grösserer Zahl als die normalen Zellen und haben dieselbe Grösse wie diese.

Im untern Umfang der Windung hat ein Theil der tieferen Zellen in der Ganglienzellenschicht bedeutend an Grösse zugenommen und eine langgestreckte Pyramiden- oder Spindelform angenommen. Diese Zellen liegen in der unteren Hälfte der Schicht.

Gyrus frontalis superior. Form und Anordnung der Zellen in den verschiedenen Schichten sind im Allgemeinen vollständig normal, aber die Zellen sind an Grösse und Anzahl geringer als normal.

Ausserdem kommt eine Anzahl Zellen mit Form und Struktur der Embryonalzellen vor. Nur vereinzelte hyaline Zellkörper, die denen in der vorhergehenden Windung gleichen, kommen vor.

Der *Gyrus frontalis medius* verhält sich im hintern und orbitalen Theile wie die vorhergehende Windung. Im vorderen Theile ist die ganze 3. Schicht gebildet aus kleinen unentwickelten Zellen nebst einer Anzahl hyaliner Zellkörper von der oben angegebenen Art.

In der Ganglienzellenschicht wiederum finden sich keine solchen Zellkörper, sondern statt derselben Pyramidenzellen von normaler Form und Struktur, aber geringer an Anzahl und Grösse als normal. Neben diesen finden sich ungefähr gleich viele kleinere unentwickelte Zellen. Die Anordnung der Schichten ist auch hier normal.

Gyrus frontalis inferior. In dem zur lateralen Hirnoberfläche gehörenden Theile der Windung findet sich in der Pyramiden- und Ganglienzellenschicht nicht eine einzige normale Zelle, sondern nur unentwickelte Zellen nebst Zellkörpern von dem oben angegebenen Charakter. Die Zellen der Spindelzellenschicht sind nach Form und Struktur denen bei Neugebornen gleich, aber an Zahl und Grösse sind sie geringer als normal. Zwischen den Spindelzellen finden sich keine hyalinen Zellkörper.

In der Rinde des ganzen Lappens, am reichlichsten in dem Gebiete, wo Zellen von normaler Form und Grösse fehlen, findet sich eine grosse Menge runder Zellen, etwas kleiner als weisse Blutkörperchen und mit einem hyalinen Protoplasma.

Die Stützsubstanz erscheint dichter als normal. Die Gefässe sind vermehrt.

Die Associationsfaserschicht der ersten Schicht schwächer als normal.

Lobus parietalis. Im *Gyrus centralis posterior* und *parietalis superior* sind die Zellen in einer einzigen Schicht angeordnet. Sie gleichen der Form nach unentwickelten Zellen und kommen in einer geringeren Anzahl als normal vor. Neben diesen Zellen finden sich einige, die eine deutlichere Pyramidenform angenommen haben, nebst hyalinen Zellkörpern, die den vorher beschriebenen gleichen.

Im *Gyrus parietalis inferior* fehlen Zellen von normaler Form und Struktur fast ganz und gar. Runde Zellelemente finden sich reichlich, sowohl in der Rinde, wie im Mark. Die Stützsubstanz erscheint dichter als gewöhnlich und die Zahl der Gefässe vermehrt. Die Associationsfaserschicht der ersten Schicht schwächer als normal.

Lobus occipitalis. In dem medialen Theile des Lappens zeigt die Rinde normale Anordnung der verschiedenen Schichten. Die Zellen haben alle normale Form, aber sowohl ihre Grösse, als ihre Zahl ist geringer als normal. Hyaline Zellkörper sind nicht beobachtet worden.

Die Rinde in den übrigen Theilen des Lappens hat dieselbe Zusammensetzung wie im Gyrus parietalis superior, nur kommen mehr Zellen von normaler Form und weniger hyaline Zellkörper vor.

Runde Zellelemente sowohl in der Rinde, wie im Mark. Die Anzahl der Gefässe ist etwas grösser als gewöhnlich.

Lobus temporalis und **Lobus falciformis.** Die Rinde zeigt hier vollständig normale Anordnung der Schichten und der Zellen, die sich nach Form und Struktur normal verhalten, aber an Grösse und Zahl bedeutend hinter dem Normalen zurückbleiben.

Runde Zellelemente sind spärlich in Rinde und Mark.

Stützsubstanz etwas dichter als normal und Anzahl der Gefässe etwas vermehrt.

Associationsfaserschicht der ersten Schicht schwächer als normal.

Der **Lobus centralis** verhält sich wie der orbitale Theil des Gyrus frontalis inferior.

Die **linke Hemisphäre** verhält sich in der Hauptsache wie die rechte.

Die **centralen Ganglien**, die Kerne in **Pons** und **Medulla oblongata** zeigen keine Abweichungen von der Norm.

Kleines Gehirn. Sowohl im Vermis, als in den Hemisphären sind die Purkinje'schen Zellen und die Zellen der Körnerschicht an Anzahl geringer als gewöhnlich.

Zahl der Gefässe vermehrt.

Epikrise.

Die klinischen **Symptome** in diesem Falle waren folgende:

Die Pat. soll sich entwickelt haben, wenn auch langsam, bis zum Schluss des 2. Jahres, aber von dieser Zeit an verschlechterte sich ihr Zustand und kurz vor ihrem Tode fehlten alle höheren *psychischen Funktionen*.

Was die *Sinne* betrifft, fand sich kurz vor dem Tode wenigstens Perception für *Sehen* und *Hören*. *Geschmack* und *Gefühl* schienen zu fehlen.

Was die *Motilität* betrifft, fehlte seit dem Herbst 1891 vollständig das Vermögen zu coordinirten Bewegungen; sie konnte nicht gehen und nicht sitzen.

Das Kauen war träg und unvollständig, das Schlingen träg und erschwert.

Vollständige *Aphemie* seit dem 2. Jahre.

Kopf, Arme und Beine zitterten fortwährend.

Die **pathologisch-anatomischen Veränderungen** beziehen sich in diesem Falle nur auf die feinere Struktur der Hirnrinde.

Am meisten abweichend von der Norm ist die Rinde im *Gyrus parietalis inferior*, wo sich nur hyaline Zellkörper von rundlicher Form ohne Kerne, Seiten- und Basalfortsätze finden, angeordnet in einer einzigen Schicht. Auch im *Gyrus centralis posterior, parietalis superior* und im lateralen Theile des *Gyrus occipitalis superior* zeigt die Rinde dieselbe Anordnung, aber hier finden sich theils unentwickelte Zellen, theils Zellen von normaler Form und Struktur sowie hyaline Zellkörper.

Die Anordnung der verschiedenen Schichten ist normal im lateralen Theile des *Gyrus frontalis inferior* und *frontalis medius*, aber hier finden sich neben den hyalinen Zellkörpern auch unentwickelte Zellen von embryonaler Form und Struktur.

Ungefähr dasselbe Verhalten zeigt der grössere Theil des *Gyrus centralis anterior*, aber hier finden sich ausser diesen beiden Zellformen auch gleich grosse Zellen mit normaler Form und Struktur.

Ebenso verhält sich der *Gyrus frontalis superior*, aber hier ist die Zahl der hyalinen Zellkörper bedeutend geringer.

Am wenigsten verändert ist die Rinde im medialen Theile des *Lobus occipitalis*, im ganzen *G. temporalis* und *falciformis*, wo Anordnung und Form der Zellen normal sind, ihre Zahl aber bedeutend geringer als normal ist.

Diagnose.

In Folge des Fehlens der Angaben über den Zustand der Pat. in den ersten Lebensjahren kann über die psychische Entwicklung der Pat. vor dem Schluss des 2. Jahres nichts mit Sicherheit gesagt werden.

Die Angabe, dass sie als später als andere Kinder entwickelt betrachtet wurde, dass sie gewöhnlich mit dem Kopfe schüttelte, geiferte und mit den Zähnen knirschte, deutet indessen darauf hin, dass schon vor Beginn des 3. Lebensjahres sich Abnormitäten in der Entwicklung der Pat. vorfanden, wenn sie auch keinen hohen Grad erreichten.

Von Schluss des 2. Lebensjahres an blieb die psychische Entwicklung der Pat. ganz und gar stehen und die erworbenen Fähigkeiten gingen verloren, so dass kurz vor dem Tode die *Auffassung* der Aussenwelt eine *höchst unvollständige* war, und die *höheren psychischen Funktionen ganz und gar fehlten*. Auf Grund dieses Verhaltens muss der Fall zu der *Form von Idiotie höchsten Grades* gerechnet werden.

In den vorhergehenden Fällen waren die psychischen Defekte angeboren. Auch hier finden sich mit aller Sicherheit angeborne psychische Defekte, aber Defekte von hohem Grade sind erst am Schluss des 2. Lebensjahres aufgetreten.

Ebensowenig wie in den vorhergehenden Fällen kann hier ein ätiologisches Moment für die Krankheit angegeben werden.

Was die *pathologisch-anatomischen Veränderungen* in dem Falle betrifft, so können diese theils auf eine *Entwicklungshemmung* der Hirnrinde, theils auf eine *Zerstörung* mehr entwickelter Elemente zurückgeführt werden.

Eine Entwicklungshemmung zeigt die Rinde im *Parietallappen*, wo sich nur eine Zellenschicht findet, und die Rinde ist in ihrer normalen

Entwicklung gehemmt worden in einem Stadium, das sich unter normalen Verhältnissen im 6. Fötalmonate wiederfindet. Ein Theil der Zellen hat den embryonalen Charakter behalten, blos an Grösse zugenommen, und sie sind beim Wachsen der Rinde durch grössere Zwischenräume von einander getrennt worden, aber ein Theil hat sich weiter entwickelt und eine mehr ausgeprägte Pyramidenform angenommen.

Auch im *Frontallappen* steht die Rinde in einem abnorm frühen Entwicklungsstadium, das sich bei Normalen im Verlaufe des ersten Lebensjahres findet. Die Schichten sind zwar ausgebildet, aber manche Zellen haben noch embryonale Form und sämmtliche Zellen sind ausserdem an Zahl geringer als normal.

Das am meisten entwickelte Gebiet, der mediale Theil des *Lobus occipitalis, temporalis* und *falciformis*, steht in einem Stadium, das in Bezug auf Anordnung und Form der Zellen dem Alter der Pat. entspricht. Zahl und Grösse der Zellen sind indessen geringer als normal.

Auch in diesem Falle dürfte im 6. Fötalmonat ein Moment hinzugekommen sein, durch welches die Rinde in ihrer normalen Entwicklung gehemmt wurde. Dieses Moment wirkte jedoch nicht so kräftig wie in den vorhergehenden Fällen, weshalb hier der grösste Theil der Hirnrinde eine Entwicklung erreichen konnte, wie sie sich bei normal Entwickelten im ersten Lebensjahre findet.

Aber in diesem Falle ist noch ein Process hinzugekommen, nämlich eine *Degeneration* von Zellen, die Form und Struktur fertig gebildeter Zellen angenommen hatten.

Was die Art dieses pathologischen Processes betrifft, so fehlt in den Gefässwandungen oder um die Gefässe herum jedes Zeichen von Entzündung. Die Zellen scheinen einer hyalinen Degeneration unterlegen zu sein. Ein ursächliches Moment hierzu hat nicht nachgewiesen werden können.

Durch diesen degenerativen Process sind im grössten Theile der Hirnrinde die meisten Zellen, die eine höhere Entwicklung erlangt hatten, zerstört worden und die Rinde ist in einen Zustand versetzt worden, wie er unter normalen Verhältnissen einem Entwicklungsstadium zwischen dem 6. und 9. Fötalmonate entspricht.

Halten wir nun die *klinischen Symptome* mit den *pathologisch-anatomischen Veränderungen* zusammen, so kann die späte und langsame Entwicklung der Pat. nebst den aller Wahrscheinlichkeit nach vor Schluss des 2. Lebensjahres vorhandenen Defekten dadurch erklärt werden, dass der grössere Theil der Hirnrinde sich in einem Entwicklungsstadium befand, das bei Normalen im ersten Lebensjahre sich findet.

Die nach dem Schluss des 2. Lebensjahres hinzugetretenen Symptome von Seiten der *Motilität* und *Sprache* können hinlänglich dadurch erklärt werden, dass in den entsprechenden Centren der grösste Theil der mehr entwickelten Zellen zerstört wurde, wodurch die Rinde in diesen Centren in einen Zustand versetzt wurde, wie er bei Normalen am Schluss des Fötallebens sich vorfindet.

Das Fehlen des Gefühls kann wohl mit dem hohen Grade der Entwicklungshemmung des Parietallappens in Zusammenhang gebracht werden.

Ebenso kann das Verlöschen aller *höheren psychischen Funktionen* dadurch erklärt werden, dass der grössere Theil der Hirnrinde durch den hinzugetretenen degenerativen Process in Entwicklungsstadien versetzt wurde, die bei Normalen zwischen dem *6. und 9. Fötalmonat* angetroffen werden, sowie dass in den mehr entwickelten Gebieten der Rinde die Zellen an Grösse und Anzahl geringer als normal waren.

Zusammenfassung.

Die *psychischen Defekte*, die in sämmtlichen bisher hier angeführten Fällen in ungefähr demselben Grade vorgefunden wurden, haben trotz grossen Abweichungen in Form, Grösse und makroskopischer Beschaffenheit des Gehirns auf die gefundenen *Veränderungen in der Hirnrinde* zurückgeführt und durch sie erklärt werden können.

Diese *Veränderungen* beruhten in sämmtlichen Fällen darauf, dass die Hirnrinde in der letzten Hälfte des Fötallebens in ihrer normalen Entwicklung *gehemmt* wurde, so dass entweder gewisse Gebiete ganz und gar in einem embryonalen Stadium stehen blieben, oder auch andere gehindert wurden, einen dem Alter entsprechenden Entwicklungsgrad zu erreichen.

Der grössere Theil der Hirnrinde steht in diesen Fällen in einem Entwicklungsstadium, das sich bei Normalen zwichen dem *6. und 9. Fötalmonate* wiederfindet.

Im 4. Falle ist jedoch die Entwicklung weiter fortgeschritten und hat ein Stadium erreicht, das sich bei normal Entwickelten im 1. Lebensjahre findet, und später ist ein Process hinzugekommen, der dadurch, dass er die mehr entwickelten Zellelemente zerstörte, die Hirnrinde in dasselbe Entwicklungsstadium zurückführte, wie in den früheren Fällen.

Die in dieser Gruppe zusammengestellten 4 Patienten können also auf folgende Weise charakterisirt werden.

Sie ermangeln vollständig aller höheren psychischen Funktionen und sind unfähig zu psychischer Entwicklung. Der *grössere Theil ihrer Hirnrinde befindet sich auf einer Entwicklungsstufe, die sich bei normal Entwickelten in der letzten Hälfte des Embryonallebens wiederfindet.*

Die verschiedenen klinischen Symptome können auch in jedem Falle *durch Veränderungen im entsprechenden Rindengebiete* hinlänglich erklärt werden.

B. Schwachsinnige.

1. In hohem Grade Schwachsinnige.

Fall 5.

Laura Wallin, 26 J. alt, gestorben im April 1893 an allgemeinem Hydrops.

Krankengeschichte.

Von Nervenkrankheiten oder Geisteskrankheiten in der Verwandtschaft der Pat. ist nichts bekannt. Die Geschwister der Pat. sind alle gesund und wohlgebildet.

Sie war keinem Trauma ausgesetzt gewesen, überstand, 1 Jahr alt, das Scharlachfieber.

In Bezug auf die Entstehung der Krankheit wird angegeben, dass Pat. nicht eher gehen und sprechen lernte, als ungefähr im 3. Jahre. Ein Unterschied in der Art der Pat. sich zu benehmen oder in ihren psychischen Fähigkeiten vor und nach dem Scharlachfieber wurde nicht beobachtet. Sie entwickelte sich in psychischer Beziehung langsam, konnte sich aber nie über den Standpunkt eines 5-jährigen Kindes erheben.

Sie wuchs langsam in die Höhe bis zum 15. Jahre, wo sie 32 Zoll [95 cm] in der Höhe maass, worauf ihr Wachsthum aufhörte.

Sie wurde zu Hause unter besonders schlechten hygieinischen Verhältnissen bis 1884 gepflegt, dann wurde sie in Stockholm in der städtischen Versorgerungsanstalt aufgenommen. Während ihres Aufenthalts in dieser Anstalt ist keine Veränderung im Zustande der Pat. eingetreten.

Status praesens, Anfang 1893, einige Monate vor ihrem Tode.

Pat. hat das Aussehen eines 5-jährigen Kindes, ihre Länge beträgt 32 Zoll [95 cm], sie ist proportionirt gewachsen, jedoch ist der Bauch etwas dick; das Gesicht gross und grob, der Ausdruck ernst, etwas stumpf.

Psychische Funktionen. Die *Auffassung* ist im Allgemeinen correkt, aber träg.

Die *Stimmung* ist gewöhnlich ruhig und mild, wenn Pat. aber nicht ihren Willen bekommt, kann sie von dem heftigsten Zorn befallen werden, der mehrere Stunden lang anhalten kann.

Urtheil nicht ganz correkt.

Die *Gedankenthätigkeit* bewegte sich nur um ihr alltägliches Leben, religiöse Dinge fasste sie nicht, sie sprach zwar von Tod und Himmel, verstand aber offenbar die Bedeutung derselben nicht. Sie hatte keinen Begriff davon, dass sie eine Zwergin oder bemitleidenswerth war, sondern meinte ein Kind zu sein. Sie hielt jede Person, die länger war als sie, für älter und hatte es gern, wenn man zärtlich mit ihr war.

Sie war äusserst ordentlich und reinlich und hatte ihre Sachen in vortrefflicher Ordnung.

Das *Gedächtniss* war schlecht und sie vergass leicht, was vor einigen Tagen geschehen war, Gedächtniss für Begebenheiten aus vergangenen Jahren hatte sie nicht. Der Wille war frei und abnorme Triebe konnten nicht wahrgenommen werden.

Es fand sich keine Form von *Seelenblindheit* oder *Seelentaubheit* vor, keine *Worttaubheit*, sie verstand vollkommen, was zu ihr gesagt wurde, und konnte einen Auftrag ausführen.

Was die *Sprache* betrifft, war sie sehr schwer zu begreifen, Pat. bediente sich gewöhnlich einiger einfacher Worte, womit sie ausdrückte, was sie wünschte. Zeitwörter wendete sie selten an und bildete selten einige vollständige Sätze. Versuchte sie, dies zu thun, dann gelang es ihr nicht, sich verständlich zu machen, da sie eine Menge Worte oder Buchstaben wegliess. Fragte man danach, so wiederholte sie dieselben Buchstaben unter deutlichem Bemühen, sich verständlich zu machen.

Amnestische Aphasie bestand nicht. Sie sprach oft spontan und stellte dann einfache Fragen nach dem, was sich um sie zutrug, oder beklagte sich auch über irgend ein kleines Unrecht.

Sie stammelte nicht und gebrauchte keine unrichtigen Namen für Personen oder Sachen.

Trotz wiederholtem Versuch konnte sie nicht lesen lernen und beim Versuch, sie schreiben oder zeichnen zu lehren, brachte sie blos Striche oder inhaltslose Schnörkel zu Stande.

Handarbeiten konnte sie nicht, das einzige, was sie konnte, war, einige grobe und ungleiche Stiche nähen.

Cranialnerven: I. *Geruch* scharf und normal.
II. *Sehschärfe* normal. Keine Einschränkung des Gesichtsfeldes.
III, IV, VI. An den *Bewegungen der Augen* nichts Abnormes.
V, VII. *Gefühl* und *Bewegung* im Gesicht normal.
VIII. *Gehör* scharf und gleich auf beiden Seiten.

IX. *Geschmack* scharf und normal.
X, XI, XII. Nichts Abnormes.
Sensibilität überall normal und Reaktionszeit schnell.
Motilität. Bewegungen träg. Paresen sind nicht vorhanden. Sie fühlte sich jedoch beständig müd und vermochte anstrengende Bewegungen nicht auszuführen. Gang normal, aber sie ermüdete bald und musste sich legen, um auszuruhen.
Keine *Contrakturen.*
Reflexe normal.
Epileptische Anfälle traten während des letzten Lebensjahres der Pat. auf und wenigstens oft kamen mehrere in einem Monate, ohne weiter bemerkbare Regelmässigkeit. Den Anfällen ging keine deutliche Aura voraus, sie hatten den Charakter gewöhnlicher epileptischer Anfälle. Es wurde nicht beobachtet, wie weit die Zuckungen in einem bestimmten Gliede begannen. Nach den Anfällen war die Pat. ziemlich lange somnolent und reizbar.

Vasomotorische Störungen: Pat. war nie menstruirt. Ziemlich reichliche Blutungen traten aus dem Rectum mit einer gewissen Periodicität auf, ungefähr einmal im Monat.

Trophische Störungen: Keine partiellen Atrophien. Alle Glieder waren proportionirt und entsprachen der Körperlänge.

Sektion.

An Schädeldach und Dura nichts Bemerkenswerthes.

Die rechte Hemisphäre wiegt 352 g, die linke 372 g, Pons, Medulla oblongata und Kleinhirn zusammen 100 Gramm.

Pia normal.

Die Hemisphären sind ungewöhnlich lang (17 cm) im Verhältniss zur Höhe (6,5 cm) und Breite (6 cm). Die Occipitallappen reichen bis 2 cm hinter den hintern Rand des kleinen Gehirns.

Makroskopische Untersuchung der rechten Hemisphäre.

Lobus frontalis. Der *Gyrus centralis anterior* ist im Verhältniss zu den übrigen Windungen ungewöhnlich kurz; er misst 6 cm in der Länge, seine grösste Breite ist 1 cm. Sein Verlauf ist etwas mehr vertikal als gewöhnlich.

Der *Gyrus frontalis superior* ist kräftig entwickelt, reich gewunden und hat einen normalen Verlauf. Sein orbitaler Theil ist ungewöhnlich kräftig entwickelt und nimmt fast die Hälfte der Orbitalfläche ein. Sein lateraler Theil ist etwas über den Orbitaltheil der nächsten Windung gestülpt, der zwischen diesen und den Gyrus occipitalis inferior eingeschoben ist.

Gyrus frontalis medius und *inferior* sind gut entwickelt und haben einen normalen Verlauf.

Lobus parietalis. Der *Gyrus centralis posterior* ist etwas schwächer als der G. centralis anterior.

Der *Gyrus parietalis superior* ist stark entwickelt und bildet allein fast den ganzen Lappen, während der *Gyrus parietalis inferior* hingegen schwach ist, besonders sein vorderer Theil.

Lobus occipitalis. Sämmtliche Windungen sind gut entwickelt und verlaufen normal.

Lobus temporalis. Der hintere Schenkel der Fissura Sylvii ist ungewöhnlich kurz und die Windung, die nach hinten die Fissur umgiebt, hängt direkt mit dem Gyrus temporalis superior zusammen.

Der *Gyrus temporalis superior* ist ungewöhnlich kurz und misst blos 6,5 cm, während die folgende Windung 10 cm misst.

Die übrigen Temporalwindungen sind kräftig und haben einen normalen Verlauf.

Der **Lobus falciformis** zeigt keine Abweichungen.

Der **Lobus centralis** zeigt nur normale Verhältnisse.

Die **linke Hemisphäre** verhält sich wie die rechte, ausser dass der *Gyrus centralis posterior* und die *Pars posterior* des *Gyrus parietalis inferior* hier kräftiger sind und der *Gyrus parietalis superior* schwächer ist.

Der hintere Schenkel der Fissura Sylvii ist hier länger, wie auch der *Gyrus temporalis superior*.

Corpus callosum, *Commissura anterior* und *Fornix* verhalten sich makroskopisch normal auf Querschnitten durch die Hemisphären.

Centralganglien, Pons und **Medulla oblongata** bieten nichts Abnormes dar.

Das **kleine Gehirn** erscheint klein im Verhältniss zum grossen. Sein hinterer Rand reicht bis 2 cm vor die Spitze des Occipitallappens. Seine Windungen sind normal ausser der Tonsilla, die auf der rechten Seite fehlt und auf der linken schwach entwickelt ist.

Mikroskopische Untersuchung der Hirnrinde.

Lobus frontalis. Der *Gyrus centralis anterior* hat eine vollkommen normale Anordnung der verschiedenen Schichten und der Zellen in diesen. Die Zellen sind hier etwas kleiner als normal und sowohl die ganze Rinde, wie jede der verschiedenen Schichten ist hier schmäler als bei einem normalen Individuum von gleichem Alter.

Die Rinde misst 2 mm in der Dicke. Die Pyramidenzellen messen $10 - 12\,\mu \times 20\,\mu$ und die Riesenzellen $25 - 30\,\mu \times 50\,\mu$. Die Anzahl der Pyramidenzellen ist 15 in $[0,1\text{ mm}]^3$.

Runde Zellelemente kommen reichlich vor im Mark, sowie, obgleich spärlicher, in der Rinde.

Spindelzellen kommen zerstreut im Mark vor, weshalb sich eine deutliche untere Grenze der Spindelzellenschicht nicht an allen Stellen findet.

Der *Gyrus frontalis superior* stimmt in seiner hintern Hälfte mit dem Gyrus centralis anterior überein.

In den übrigen Theilen der Windung hat die Rinde eine normale Anordnung der verschiedenen Schichten und der Zellen in diesen, aber die Zellen sind hier kleiner als normal (sie messen $8\,\mu \times 15\,\mu$) und die tiefsten Zellen in der Pyramidenzellschicht und Ganglienzellenschicht weichen wenig in Grösse und Aussehen von den übrigen ab.

Der Zellkern ist gross und die Form der Zelle etwas mehr abgerundet als normal, zugleich sind die Fortsätze schmäler.

Am kleinsten sind die Zellen in dem zur orbitalen Hirnoberfläche gehörenden Theil der Windung, wo sämmtliche Zellen gleich gross sind und $8\,\mu \times 12\,\mu$ messen. Sie kommen in einer Anzahl von 25 in $[0,1\text{ mm}]^3$ vor.

Der *Gyrus frontalis medius* ist von Zellen gebildet, die im Allgemeinen klein und von derselben Beschaffenheit sind, wie die Zellen in der vorhergehenden Windung. Ihre Anzahl ist 25 in $[0,1\text{ mm}]^3$.

Der *Gyrus frontalis inferior* zeigt dieselben Verhältnisse in Hinsicht der Zellen. Im hintern Theile der Windung fehlen Riesenzellen ganz und blos einzelne Zellen im tiefsten Theile der Pyramidenzellschicht und in der Ganglienzellenschicht erreichen eine Grösse von $15\,\mu \times 25\,\mu$.

In sämmtlichen Windungen kommen die runden Zellelemente vor, sowohl in der Rinde, wie im Mark.

Die Associationsfaserschicht der ersten Schicht ist schwächer als normal in sämmtlichen Windungen, ausser im Gyrus centralis anterior, wo die Anzahl der Fasern nahezu normal ist.

Die Menge der Gefässe ist möglicherweise etwas grösser als normal im vorderen Theile des Lappens. Die Stützsubstanz zeigt keine Veränderungen.

Lobus parietalis. *Gyrus centralis posterior.* Alle Zellen, ausser den allertiefsten in der 3. Schicht, sowie einzelnen in der Ganglienzellenschicht, sind beträchtlich klein (4 μ × 8 μ), haben abgerundete Form und feine Fortsätze und gleichen unentwickelten Zellen. Sie kommen in einer Anzahl von 30 in [0,1 mm]^3 vor.

Die übrigen Pyramidenzellen, die eine Grösse von 12 — 16 μ erreichen, verhalten sich normal.

Im *Gyrus parietalis superior* und *inferior* sind die Zellen grösser, haben deutliche Pyramidenform und gröbere Fortsätze, aber sie sind an Grösse geringer und an Anzahl häufiger als normal (10 — 12 μ × 18 μ; Anzahl 20 in [0,1 mm]^3).

Wenige runde Zellelemente im Mark, blos vereinzelte in der Rinde.

Die Associationsfaserschicht der ersten Schicht etwas schmäler als normal.

Die Stützsubstanz erscheint unverändert. Menge der Gefässe ganz unbedeutend grösser als normal.

Lobus occipitalis. Die Rinde im *Gyrus occipitalis superior* ist in dem zur lateralen Hirnoberfläche gehörenden Theile hauptsächlich aus kleinen unentwickelten Zellen zusammengesetzt, denen im Gyrus centralis posterior gleichend, mit vereinzelten grösseren Pyramidenzellen im tiefsten Theile der Pyramidenzellenschicht und der Ganglienzellenschicht.

Der zur medialen Hirnoberfläche gehörende Theil der Windung, sowie der *Gyrus occipitalis inferior internus* haben einen normalen Bau. Die vereinzelten grossen Pyramidenzellen in der zellenarmen Zwischenschicht sind etwas kleiner als normal.

Der *Gyrus occipitalis inferior externus* hat denselben Bau wie der zur lateralen Hirnoberfläche gehörende Theil des Gyrus occipitalis superior.

Die Associationsfaserschicht der ersten Schicht erscheint etwas weniger mächtig als normal an der äussern und untern Fläche des Lappens.

Die Menge der Gefässe ist unbedeutend grösser als normal. Die Stützsubstanz zeigt keine Veränderungen.

Lobus temporalis. Die *Temporalwindungen* verhalten sich normal, nur sind die Zellen etwas kleiner als entsprechende Zellen bei normalen Individuen gleichen Alters und kommen in etwas grösserer Anzahl vor.

Runde Zellelemente hier und da, sowohl in der Rinde, als im Mark. Die Associationsfaserschicht ist unbedeutend schwächer als normal.

Lobus falciformis. *Gyrus hippocampi.* Die tiefer gelegenen grossen Pyramidenzellen sind sehr gering an Zahl. Der grössere Theil derselben hat eine undeutlich pyramidale Form; am häufigsten sind lange Spindelzellen von 12 μ Breite und 80 μ Länge.

Gyrus cinguli. Die Rinde hat hier eine ungewöhnlich grosse Breite, was darauf beruht, dass eine aus kleinen (4 μ), unentwickelten Zellen bestehende 4. Schicht von unbedeutender Dicke zwischen die Pyramidenzellen- und die Ganglienzellenschicht eingeschoben ist. Sie misst 0,30 mm in der Breite.

Die übrigen Zellen sind etwas kleiner als die entsprechenden bei normalen Individuen gleichen Alters.

Die Associationsfaserschicht erscheint etwas schwächer als gewöhnlich.

Anzahl der Gefässe unbedeutend vermehrt. Stützsubstanz normal.

Im **Lobus centralis** besteht die Rinde zum grössten Theile aus kleinen, unentwickelten Zellen von derselben Beschaffenheit wie die Zellen in Gyrus centralis posterior, sie messen 4 — 6 μ × 10 μ und kommen in einer Anzahl von 50 in [0,1 mm]^3 vor.

Zwischen den beiden Hemisphären finden sich keine wesentlichen Verschiedenheiten vor.

Die **Centralganglien** zeigen normale Anordnung der Zellen und Nervenfasern. Sämmtliche Zellen sind einige μ kleiner als entsprechende von normalen Individuen gleichen Alters.

Pons und **Medulla oblongata** zeigen nichts Abnormes.

Kleines Gehirn. Die Purkinje'schen Zellen sowie die Zellen der Körnerschicht sind geringer an Zahl in beiden Hemisphären und, obwohl in unbedeutendem Grade, im Vermis.

Die Zellen sind etwas kleiner als entsprechende Zellen bei normalen Individuen von gleichem Alter. An mehreren Stellen im Vermis kommen diese Zellen in Gruppen vor und stehen bisweilen in mehreren Reihen über einander.

Epikrise.

Die **klinischen Symptome** waren kurz folgende:
Auffassung träg.
Stimmung wechselnd.
Urtheil nicht correkt.
Denkvermögen träg, beschränkt auf die alltäglichsten Verhältnisse.

Gedächtniss schlecht.
Sprache unvollständig.
Pat. konnte nicht *lesen*, nicht *schreiben*, auch keine feineren Handarbeiten ausführen.
Bewegungen träg.
Epileptiforme Anfälle.
Die **pathologisch-anatomischen Veränderungen** waren folgende:
Die Grösse des Gehirns entspricht ungefähr der Länge der Patientin. Im Verhältniss zum Alter ist es kleiner als normal.
Die *feineren Veränderungen in der Hirnrinde* waren folgende:
Am meisten verändert ist die Rinde im *Gyrus hippocampi*, wo die tieferen Zellen nicht vollständig ausgebildete Pyramidenform angenommen haben und an Zahl geringer sind als normal.
Mehr entwickelt ist die Rinde im *Gyrus centralis posterior*, im grösseren Theile des *G. occipitalis inferior*, sowie im *Lobus centralis*, wo die Zellen etwas mehr abgerundete Form, feinere Fortsätze und grössere Kerne haben, als bei Erwachsenen, und nicht grösser sind als Zellen bei einem normalen Individuum im ersten Lebensjahre.
Etwas mehr entwickelt ist die Rinde im *Gyrus frontalis superior*, *medius* und *inferior*, wo die Zellen etwas grösser sind, aber noch nicht die für vollkommen ausgebildete Zellen charakteristische Form erlangt haben. Sie sind hier etwas weniger zahlreich, sowie etwas grösser als bei einem zweijährigen Individuum, aber häufiger und in der Struktur unvollkommener als bei einem zehnjährigen [1]).
Ungefähr in derselben Weise verhält sich die Rinde im *Gyrus frontalis superior* und *inferior*, aber hier sind die Zellen etwas grösser und an Zahl geringer. In letzterem sind die grösseren Pyramidenzellen seltener und Riesenzellen fehlen ganz.
Am wenigsten verändert ist die Rinde um die *Fissura calcarina* herum, im *Lobus temporalis* und im *Gyrus centralis anterior*, wo Grösse und Zahl der Zellen ungefähr mit den Verhältnissen bei einem 2-jährigen Individuum übereinstimmen. Runde Zellelemente, ähnlich denen im vorhergehenden Fall, kommen auch hier vor.
Die Zellen in den Kleinhirnhemisphären sind an Anzahl geringer als normal.

---

[1]) Die Zellenzahl bei einem zweijährigen Individuum ist ungefähr um 10 Zellen in |0,1 mm|³ grösser als bei einem vollständig entwickelten.

Diagnose.

Da die psychische Entwicklung der Pat. im Allgemeinen als einem Stadium entsprechend betrachtet werden kann, das sich bei normalen Individuen im 5. Lebensjahre findet, und da sie aus Unterricht keinen Nutzen ziehen konnte, sind wir berechtigt, den Fall zur Gruppe *des Schwachsinns in hohem Grade* zu rechnen.

Was die *pathologischen Veränderungen* betrifft, so können sie auch in diesem Falle auf eine Entwicklungshemmung der Hirnrinde zurückgeführt werden. Aber hier ist die Hemmung in einem späteren Stadium eingetreten als in den vorhergehenden Fällen.

Die am wenigsten entwickelten Gebiete stehen in einem Entwicklungsstadium, das bei Normalen im ersten Lebensjahre angetroffen wird.

Andere Rindengebiete stehen auf einer Stufe, die bei Normalen nach dem 2. Jahre gefunden wird, eine dritte Entwicklungsstufe entspricht dem 10. Lebensjahre.

Im ersten Lebensjahre ist also ein Moment hinzugekommen, das an einer Stelle vollständig, an einer andern blos theilweise die normale Entwicklung der Hirnrinde hemmte.

Was dieses Moment war, ist schwer mit Bestimmtheit festzustellen. Die Angabe über die Scarlatina im ersten Lebensjahre kann möglicherweise damit in Zusammenhang gebracht werden.

Halten wir die *klinischen Symptome* mit den gefundenen *pathologischen Veränderungen* in diesem Falle zusammen, so kann die Störung der *Sprache* wohl durch den unentwickelten Zustand der Zellen im entsprechenden Rindengebiet erklärt werden.

Die *trägen Bewegungen* können nicht durch die Entwicklungshemmung der Rinde in der *motorischen Region* erklärt werden, da diese sich in einem Entwicklungsstadium befindet, das sich bei Normalen im 10. Lebensjahre findet. Möglicherweise dürfte die Verminderung der Zellelemente im *Vermis* mit der Trägheit der Bewegungen in Zusammenhang gebracht werden können.

Die *psychischen Defekte* werden hinlänglich dadurch erklärt, dass der grössere Theil der Hirnrinde sich auf Entwicklungsstufen befindet, die bei Normalen im 1. Lebensjahre angetroffen werden.

Die Grenze nach oben habe ich leider wegen Mangels an normalen Kindergehirnen nicht näher zu präcisiren vermocht, aber nach der Grösse und Zahl der Zellen zu schliessen, liegt diese dem 2. Lebensjahre näher, als dem zehnten.

Fall 6.

Elisabeth Törnblom, 1 Jahr 10 Mon.; gestorben am 2. Februar 1889 an allgemeiner Entkräftung.

Krankengeschichte.

Eltern nicht verwandt, gesund. Die Mutter hat ein allgemein verengtes Becken, weshalb der Partus praematurus eingeleitet werden musste. Ein älterer Bruder der Pat. leidet seit der Geburt an beständigen Zuckungen im ganzen Körper, kann nicht gehen oder sitzen, hält den Kopf nicht aufrecht. Verstandesfähigkeiten verspätet. Sprache erschwert.

Pat. wurde 6 Wochen zu zeitig durch künstlich eingeleitete Frühgeburt geboren.

Sie hat keine der gewöhnlichen Kinderkrankheiten überstanden.

Die ersten Symptome der Krankheit wurden beobachtet, als Pat. einige Wochen alt war, und bestanden in Athetose ähnlichen Bewegungen in den Gliedern.

Sie konnte nicht entwöhnt werden, lernte nicht gehen, nicht sitzen und sprach nicht.

In körperlicher Hinsicht ernährte sie sich gut. Einige Monate vor dem Tode war der Zustand folgender:

Sie hatte eine für ihr Alter normale Körperlänge.

Ihre Auffassung dessen, was um sie herum vorging, war unvollständig. Sie erkannte jedoch Personen und hatte Spielsachen gern. Die Gemüthsstimmung war im Allgemeinen ruhig.

Psychische Funktionen verspätet. Sie verstand einfachere Anreden etwas weniger und erschien später entwickelt als ein normales Kind von gleichem Alter. Sie konnte nicht sprechen, sondern stammelte nur einige einfachere Laute hervor.

Cranialnerven I. Nichts bekannt.

II. *Sehvermögen* gut.

III, IV, VI. Nichts Abnormes in den Bewegungen der Augen.

V. *Gefühl* gut.

VII. Die Beweglichkeit der Gesichtsmuskeln normal. Zuckungen, ähnlich denen in den Extremitäten, kommen oft vor und täglich mehrere Male.

VIII. *Gehör* normal.

IX, X. Nichts bekannt.
XI. Pat. kann den Kopf nicht aufrecht halten.
XII. Nichts Abnormes bekannt.
Sensibilität normal.
Motilität. Pat. kann sich nicht auf die Beine stützen, nicht aufrecht sitzen, ordentliche Bewegungen mit den Händen nicht ausführen. Fast beständige Zuckungen in allen Extremitäten. Während des Schlafes treten keine Zuckungen auf. Sie sind nicht in einer bestimmten Seite oder Extremität lokalisirt.

Keine Atrophien oder vasomotorischen Störungen.

Sektion.

Das Gehirn wiegt 934 Gramm, die rechte Hemisphäre 420, die linke 386, Pons, Medulla oblongata und Kleinhirn zusammen 128 Gramm. Die Länge der Hemisphären beträgt 15 cm.

Makroskopische Untersuchung der rechten Hemisphäre.

Lobus frontalis. Der *Gyrus centralis anterior* ist in seiner untern Hälfte etwas schwächer als in der oberen. Die übrigen Frontalwindungen sind kräftig entwickelt und von normalem Verlauf.

Lobus parietalis und **occipitalis** sind gut entwickelt mit normalen Gyri.

Der **Lobus temporalis** ist in seinem vorderen Theile etwas schwächer. Seine Windungen sind normal.

Der **Lobus falciformis** hat normalen Verlauf und normale Begrenzung.

Der **Lobus centralis** ist gut entwickelt mit kräftigen Windungen.

Die **linke Hemisphäre** verhält sich wie die rechte.

Corpus callosum, *Fornix* und *Commissura anterior* normal.

Seitenventrikel etwas ausgedehnt.

Centralganglien, Pons, Medulla oblongata und **kleines Gehirn** zeigen makroskopisch nichts Abnormes.

Mikroskopische Untersuchung der Hirnrinde.

Lobus frontalis. *Gyrus centralis anterior.* Die Anordnung der Schichten ist vollkommen normal. Die Zellen haben im Allgemeinen Form und Struktur der Embryonalzellen, sind aber etwas grösser und kommen in einer etwas geringeren Anzahl vor als diese. Ausser diesen Zellen finden sich einige, die eine deutlichere Pyramidenform angenommen haben. In der Ganglienzellenschicht sind die Zellen lang und schmal, haben nicht vollständig ausgebildete Pyramidenform und es finden sich manche Uebergänge zwischen Spindel- und Pyramidenzellen.

In den übrigen Frontalwindungen hat die Rinde denselben Bau, ausgenommen, dass die Zellen der Ganglienzellenschicht hier sowohl an Zahl, als Grösse geringer sind. Runde, hyaline Zellelemente, ohne Kerne und Ausläufer finden sich reichlich, sowohl in der Rinde, wie im Marke.

Die Stützsubstanz erscheint nicht erwähnenswerth verändert.

Die Zahl der Gefässe ist etwas vermehrt.

Die Associationsfaserschicht der ersten Schicht etwas schwächer als normal.

Lobus parietalis. Die Zellen sind hier in einer einzigen Schicht angeordnet, haben Form und Struktur der Embryonalzellen und sind unbedeutend grösser als diese. Alle Zellen sind ungefähr gleich gross.

Gyrus parietalis superior und *inferior*. Die Rinde hat normale Anordnung der verschiedenen Schichten, aber die Zellen haben nicht die entwickelte Zellform erlangt und sind blos wenig grösser als die unentwickelten embryonalen. Ihre Zahl ist etwas geringer als bei einem 8 Monate alten Fötus.

Auch hier finden sich runde hyaline Zellelemente in Rinde und Mark.

Die Stützsubstanz ist möglicherweise etwas dichter als normal, die Anzahl der Gefässe etwas vermehrt.

Die Associationsfaserschicht der ersten Schicht ist schwächer als normal.

Lobus occipitalis, temporalis und **falciformis** zeigen keine anderen Abweichungen von der Norm, als dass die Zellen nicht die Form und Grösse entwickelter Zellen erlangt haben, sondern sich wie bei einem normalen Individuum im ersten Lebensjahre verhalten. Die Zahl der Zellen ist indessen in $[0{,}1 \text{ mm}]^3$ etwas geringer, als bei solchen.

Runde Zellelemente finden sich auch hier in Rinde und Mark.

Die Stützsubstanz ist nicht merkbar verändert, die Zahl der Gefässe nicht merkbar vermehrt.

Die Associationsfaserschicht der ersten Schicht erscheint etwas schwächer als bei einem normalen Individuum von gleichem Alter.

Die **Centralganglien**, die Kerne im **Pons** und in der **Medulla oblongata** zeigen keine Veränderungen.

Kleinhirn. Sowohl die Purkinje'schen Zellen, als die der Körnerschicht sind an Grösse geringer, sowohl im Vermis, als auch in den Hemisphären.

Epikrise.

Die **klinischen Symptome** sind kurz folgende:

Auffassung unvollständig und *höhere psychische Funktionen* nicht mehr entwickelt, als bei einem normalen Kinde im ersten Lebensjahre.

Pat. kann nicht sprechen.

Pat. kann nicht *gehen* oder *sitzen* und keine *coordinirten Bewegungen* mit den Händen ausführen.

Zuckungen im Gesicht und in den Extremitäten.

Die **pathologisch-anatomischen Veränderungen** bestehen in diesem Falle ausschliesslich aus den feineren Veränderungen in der Hirnrinde und sind folgende:

Am meisten verändert ist der *Gyrus centralis posterior*, wo die Zellen in einer einzigen Schicht angeordnet sind und Form und Charakter embryonaler Zellen haben.

Mehr entwickelt ist die Rinde in den übrigen Theilen des *Lobus parietalis* und *centralis*, wo die Anordnung der Schichten normal ist, aber die Zellen haben nicht die Form der ausgebildeten Zellen erlangt und sind ungefähr gleich gross.

In ungefähr demselben Stadium steht die Rinde im *Gyrus frontalis superior*, *medius* und *inferior*, aber hier sind die tieferen Zellen in der 3. Schicht und in der Ganglienzellenschicht grösser und deutlicher pyramidal, obwohl sie nicht die Form ausgebildeter Zellen erreicht haben.

Etwas mehr entwickelt ist die Rinde im *Gyrus centralis anterior*, wo diese mehr entwickelten Zellen häufiger sind.

In ungefähr demselben Stadium steht die Rinde im *Lobus occipitalis*, *temporalis* und *falciformis*.

Diagnose.

Da die Pat. in psychischer Hinsicht ungefähr auf derselben Entwicklungsstufe steht, wie ein Kind im ersten Lebensjahre, dürfte es am richtigsten sein, auch diesen Fall zur Form von *Schwachsinn in hohem Grade* zu rechnen.

Was die *pathologischen Veränderungen* in der Hirnrinde betrifft, können sie auch in diesem Falle auf eine Entwicklungshemmung der Hirnrinde zurückgeführt werden.

Das am wenigsten entwickelte Gebiet, das blos aus dem Gyrus centralis posterior besteht, entspricht einem Entwicklungsstadium, wie es sich unter normalen Verhältnissen in der ersten Hälfte des Fötallebens findet (die Zellen sind noch nicht differenzirt).

Das nächst höhere Entwicklungsstadium entspricht dem *Schluss des Fötallebens* (sämmtliche Schichten sind entwickelt, aber die Zellen haben noch nicht die Form der ausgebildeten Zellen erlangt).

Das zunächst höhere dürfte dem *Anfang* und das am meisten entwickelte Gebiet dem *späteren Theil des ersten Lebensjahrs* entsprechen (ausgebildete Zellen kommen häufiger vor).

In diesem Falle ist also ungefähr um die Mitte des Fötallebens ein Moment hinzugekommen, das die Rinde in ihrer normalen Entwicklung hemmte.

Hierdurch ist ein kleineres Gebiet (blos die hintere Centralwindung) in seiner Entwicklung vollständig zum Stillstand gebracht worden, während die Entwicklung der übrigen Theile der Rinde blos verlangsamt worden ist.

Das ätiologische Moment kann in diesem Falle eben so wenig nachgewiesen werden, wie in den früheren.

Stellen wir die *klinischen Symptome* mit den gefundenen *pathologischen Veränderungen* zusammen, so können die Störungen der *Motilität* nicht allein durch den unentwickelten Zustand der Rinde in der motorischen Region erklärt werden, da der Entwicklungsgrad derselben ungefähr dem Schluss des ersten Lebensjahres entspricht.

Wenn man aber hinzurechnet, dass die Zahl der Zellen, sowohl im Allgemeinen, wie vor Allem die der Riesenzellen, bedeutend geringer als normal ist, dürften die erwähnten Störungen durch das Zusammenwirken dieser beiden Umstände erklärt werden können.

Die *Zuckungen* sind in diesem Falle eben so wenig wie in dem vorhergehenden durch die gefundenen pathologischen Veränderungen zu erklären.

Die *psychischen Defekte* können hinlänglich dadurch erklärt werden, dass die Hirnrinde nicht mehr entwickelt war als bei einem normalen Kinde im *ersten Lebensjahre*.

Zusammenfassung.

Beide in dieser Gruppe zusammengestellten Pat. können auf folgende Weise charakterisirt werden:

Sie haben Auffassung und Bewusstsein, aber ihre psychische Entwicklung steht auf einer Stufe, die sich bei normalen Individuen in den ersten Lebensjahren (1.—5. Jahr) findet.

Ebenso befindet sich der grösste Theil der Hirnrinde in einem Entwicklungsstadium, das sich bei normalen Individuen in einem der ersten Lebensjahre findet.

2. Mässig und in geringem Grade Schwachsinnige.

Fall 7.

Oskar Sundberg, 14 Jahre alt, gestorben am 30. Juli 1889 an Pneumonia acuta.

Krankengeschichte.

Von Nerven- oder Geisteskrankheiten in der Verwandtschaft ist nichts bekannt. Die Eltern sind nicht verwandt. Die Geschwister sind gesund und normal entwickelt.

Pat. ist keinem Trauma ausgesetzt gewesen. Von Krankheiten hat er Masern, Scharlachfieber und Keuchhusten überstanden. Im Alter von $1/2$ Jahr wurde er wegen »Abscessen« am Halse behandelt.

Zu dieser Zeit konnte nach den Angaben nichts Abnormes in Bezug auf die physische oder psychische Entwicklung des Pat. nachgewiesen werden. Ein bestimmter Zeitpunkt, zu welchem die Idiotie zuerst bei dem Pat. beobachtet worden ist, kann nicht angegeben werden, auch nicht, welches die ersten Zeichen waren.

Im Alter von 4 Jahren konnte er nach den Angaben sprechen, obwohl undeutlich. Ueber die Entstehung der Paralyse der untern Extremitäten findet sich keine Angabe.

Bei der Aufnahme in der Anstalt konnte er einigermassen begreifen, was zu ihm gesagt wurde, ebenso Antworten geben auf Fragen über Sachen, die sein tägliches Leben betrafen. Buchstaben und Ziffern konnte er nicht auffassen, er zeigte auch keine Neigung zu irgend etwas.

Er war still und freundlich und von fröhlicher Stimmung. Die Gedankenthätigkeit war träg, der Wille frei.

Während des Aufenthalts in der Anstalt entwickelte er sich zum Bessern und konnte sich den theoretischen Unterricht, den er bekam, zu Nutze machen. Obwohl er in Folge von Lähmung der Beine nicht an den Spielen der Kameraden Theil nehmen konnte, folgte er ihnen doch mit grossem Interesse. Er verstand die Freundlichkeit und Sorgfalt, die ihm von seinen Umgebungen zu Theil wurde, und freute sich darüber.

Einige Wochen vor dem Tode des Pat. wurde folgender Zustand gefunden:

Psychische Funktionen. *Stimmung* gleichmässig und sanft.

Auffassung zwar langsam und träg, aber correkt. Für Naturlehre, worin er Anschauungsunterricht bekam, zeigte er grosses Interesse und machte darin gute Fortschritte. Auch den Religionsunterricht benutzte er mit Erfolg.

Das *Urtheil* war unentwickelt, die *Gedankenthätigkeit* träg, obwohl lebhafter als bei der Aufnahme des Pat. in der Anstalt.

Der *Wille* war frei und abnorme Triebe konnten nicht beobachtet werden.

Seelenblindheit oder *Seelentaubheit* fand sich nicht vor. Keine Schwierigkeit, Gegenstände oder Laute aufzufassen und wiederzuerkennen, mit Ausnahme von Melodien; er zeigte kein Interesse für Musik.

Aphasie. Er verstand, was zu ihm gesagt wurde, wenn es sich um einfache Verhältnisse handelte, und konnte darauf antworten. An Namen von Personen und Gegenständen konnte er sich erinnern, rechnen konnte er nicht.

Er konnte nicht lesen; er hatte blos die Selbstlauter gelernt und las diese in Verbindung mit einigen wenigen Mitlautern, die er auch schreiben konnte.

Aus der Schriftprobe geht hervor, dass er recht wohl einige wenige Buchstaben bilden konnte, so lange er die Vorschrift vor Augen hatte, aber am Schlusse der Zeile im Schreibbuch wich er immer mehr von den vorhergehenden Buchstaben ab.

Cranialnerven. I. Im Geruch konnte beim Pat. keine Abnormität bemerkt werden.

II. Sehschärfe normal. Eine Einschränkung des Gesichtsfeldes konnte nicht beobachtet werden.

III, IV, VI. Ungleichheiten oder Abweichungen in Bezug auf die Pupillen oder das Bewegungsvermögen der Augen wurden nicht beobachtet.

V, VII. Keine Abweichungen beobachtet.

VIII. Hörvermögen normal und gleich auf beiden Seiten.

IX. Geschmack normal.

X, XI, XII. Keine Abweichung beobachtet.
Sensibilität normal.
Motilität. Vollständige Paralyse in den unteren Extremitäten, Parese in den obern. Keine Zuckungen oder Anfälle. Keine Contracturen, keine deutliche Atrophie.

Sektion.

In Bezug auf Schädeldach und Dura ist nichts bemerkt. Das ganze Gehirn wiegt, in Spiritus gehärtet, 840 g, die rechte Hemisphäre 368 g, die linke Hemisphäre 366 g, Pons mit Medulla oblongata 106 Gramm. Die Länge der Hemisphären beträgt 15 Centimeter.

Weiche Hirnhäute normal.

Makroskopische Untersuchung der linken Hemisphäre.

Der **Lobus frontalis** ist in seiner Gesammtheit gut entwickelt.

Der *Gyrus centralis anterior* ist schmal und verläuft fast vertikal. Mehrere kleine Sulci schneiden tief in denselben ein. Die *Gyri frontales* sind sämmtlich kräftig entwickelt, stark gewunden und von normalem Verlauf.

Der **Lobus parietalis** ist ebenfalls kräftig entwickelt und seine Windungen sind reichlich durch eine Menge oberflächlicher kleiner Sulci eingeschnitten.

Der *Gyrus centralis posterior,* der einen vertikalen Verlauf hat, ist kräftiger als der Gyrus centralis anterior.

Die *Gyri parietales* haben einen normalen Verlauf und sind gut entwickelt.

Der **Lobus occipitalis** ist ebenfalls gut entwickelt und seine Windungen sind reichlich gewunden. Die Fissura occipitalis interna schneidet durch die Margo falcata und erstreckt sich an der lateralen Seite 2 cm nach innen. Schon 1 cm von der Margo falcata geht dicht unter der Hirnoberfläche ein Uebergangsgyrus vom Gyrus parietalis superior zum Gyrus occipitalis superior.

Der **Lobus temporalis** ist in seinem hintern und mittleren Drittel kräftig entwickelt, mit normalen, stark gewundenen Gyri, aber das vordere Drittel ist bedeutend reducirt, so dass die ganze Orbitalfläche der 3. Frontalwindung entblöst liegt.

Die Reduktion hat hauptsächlich den Gyrus temporalis medius und internus betroffen, während der Gyrus temporalis superior nahezu normale Länge und Grösse hat.

Lobus falciformis. Gyrus hippocampi und Gyrus cinguli sind kräftig entwickelt und von normalem Verlauf.

Der **Lobus centralis** zeigt keine Abweichungen von der Norm.

Die **rechte Hemisphäre** zeigt keine anderen Abweichungen von der oben gegebenen Beschreibung der linken, als dass der Gyrus centralis anterior etwas breiter und weniger gewunden ist, sowie dass der Temporallappen in seiner Gesammtheit gut entwickelt ist.

Auf sämmtlichen 2 cm dicken Querschnitten, in die die Hemisphären getheilt wurden, fanden sich überall im Mark kleine, stecknadelspitzen- bis stecknadelkopfgrosse Pünktchen und Flecke von einer dunkleren Farbe als das Mark, sowie von einem halb durchscheinenden, bisweilen fettglänzenden Aussehen. Sämmtliche Flecke sind von einem schmalen, helleren Ring umgeben. Was die Vertheilung dieser Flecke betrifft, finden sie sich überall im Marke, vielleicht am reichlichsten in den Frontallappen, und in beiden Hemisphären in ungefähr gleich grosser Ausdehnung.

Die **Centralganglien,** der **Pons,** die **Medulla oblongata** und das **kleine Gehirn** boten nichts Bemerkenswerthes.

Mikroskopische Untersuchung der Hirnrinde.

Lobus frontalis. *Gyrus centralis anterior.* Die Rinde im oberen Sechstel von dem zur lateralen und in dem ganzen zur medialen Hirnoberfläche gehörenden Theile der Windung hat einen von der Rinde in den übrigen motorischen Regionen abweichenden Bau.

In der Rinde, die hier 2,20 mm in der Dicke misst, können nur 3 Schichten unterschieden werden.

Zuoberst findet sich eine 0,20 mm breite *I. Schicht* ohne Nervenzellen.

Darauf kommt eine 1,20 mm dicke *Pyramidenzellenschicht,* bestehend aus nahezu gleich grossen Pyramidenzellen, die $8-9\,\mu \times 10-14\,\mu$ messen und sich in einer Anzahl von 40 in [0.1 mm]^{1} finden. In dieser Schicht sind die Zellen in jeder Tiefe gleichförmig angeordnet und finden sich in derselben Menge.

An der Grenze von der folgenden Schicht, sowie in der Mitte der Schicht finden sich vereinzelte, etwas grössere Pyramidenzellen, die jedoch eine Grösse von $12\,\mu \times 18\,\mu$ nicht übersteigen. Diese Zellen sind sehr gering an Zahl und finden sich nur auf einzelnen der Serienschnitte. Gegen die nächste Schicht besteht eine scharfe Grenze.

Diese 0,80 mm dicke *Spindelzellenschicht* ist gebildet aus $8 - 10\,\mu$ breiten, und $15 - 20\,\mu$ langen Spindelzellen, 30 in $[0,1 \text{ mm}]^3$.

Zwischen dem Mark und dieser Schicht findet sich keine scharfe Grenze, sondern weit in die Marksubstanz hinein finden sich zahlreiche Spindelzellen.

Zwischen den Zellen in der ganzen Rinde, aber besonders zwischen den Spindelzellen, finden sich eingestreut eine grosse Menge, theils runder, ovoider oder ovaler einige μ grosser Zellelemente, bestehend aus einem feingranulirten Protoplasma ohne Kern, sowie mit einem nach unten verlaufenden feinen Fortsatz versehen, und theils runde Zellen von derselben Grösse, aber ohne Fortsätze und weissen Blutkörperchen gleichend.

Die Pyramidenzellen haben eine abgerundete Form, mit äusserst feinen und meist an Zahl geringen Ausläufern. Das Protoplasma ist feingranulirt, die Kerne sind beträchtlich gross, nehmen meist den grösseren Theil der Zelle ein und haben im Allgemeinen die Form der Zelle. Auch die Spindelzellen haben eine mehr abgerundete Form, feine Ausläufer und grosse Kerne. So ist das Verhalten in der Kuppe der Windung.

An der Seitenfläche der Windung und im Boden eines Sulcus sind die Zellen in der Pyramidenzellenschicht etwas grösser, $10 - 12\,\mu \times 18 - 20\,\mu$, und mit etwas mehr und kräftigeren Ausläufern versehen. Ihre Form ist nicht so abgerundet. Die Spindelzellenschicht, die hier 0,30 mm misst, ist von horizontal gestellten kleinen Spindelzellen gebildet, die den kurz vorher beschriebenen Spindelzellen gleichen.

Nirgends in dem ganzen Gebiete finden sich irgend welche Riesenzellen.

Weiter nach unten an der Windung beginnen die tieferen Zellen der Pyramidenzellenschicht an Grösse zuzunehmen und gleichzeitig nehmen sie an Menge ab. Eine Andeutung zu einer Zertheilung in eine 3. Schicht und eine Ganglienzellenschicht tritt immer deutlicher hervor, und ungefähr 3 cm unter der Margo falcata hat die Rinde einen nahezu normalen Bau angenommen, was die Anordnung der Zellen und die Grösse der tieferen Pyramidenzellen betrifft. Hier treten nämlich vereinzelte grosse Riesenzellen im tiefsten Theile der 3. Schicht und in der Ganglienzellenschicht auf. Die Zellen, die $32\,\mu \times 48\,\mu$ an Grösse messen, bilden keine Gruppen.

Die obere Hälfte der 3. Schicht, sowie, obwohl in geringerem Grade, der tiefere Theil der Rinde enthalten nebst einigen grösseren ($12\,\mu \times 18\,\mu$) Zellen auch kleinere Zellen ($8 - 10\,\mu \times 10 - 12\,\mu$) mit abgerundeten Conturen und feinen, an Zahl wenigen Fortsätzen. Diese Zellen gleichen denen, die im Lobus paracentralis vorkommen.

Denselben Bau hat die Rinde im ganzen übrigen Theile des Gyrus centralis anterior. Die Riesenzellen scheinen in geringerer Anzahl als normal vorzukommen, sind im Allgemeinen vereinzelt und nicht in deutlichen Gruppen angeordnet.

Der feinere Bau der Zellen zeigt keine Abweichung vom Normalen, nur der Kern ist grösser als normal und folgt getreuer als normal der Form der Zelle. Fortsätze finden sich ungefähr in normaler Anzahl.

Der *Gyrus frontalis superior* hat im grösseren Theile des zur lateralen Hirnoberfläche gehörenden Abschnitts denselben Bau wie der Lobulus paracentralis und ist folglich zusammengesetzt aus 3 Schichten mit kleinen, gleich grossen unentwickelten Zellen in der 2., 3., und 4. Schicht und in der Ganglienzellenschicht.

Nach der Spitze des zur lateralen Hirnoberfläche gehörenden Theiles der Windung zu, sowie im orbitalen Theile derselben ist eine 4. Schicht angedeutet, zugleich nehmen die Zellen an den Seitenflächen der Windung an Grösse zu und an Menge ab. Sie messen $11 - 13\,\mu \times 15 - 20\,\mu$ an Grösse und kommen in einer Anzahl von 30 in $[0{,}1\text{ mm}]^3$ vor, während sie in der Mitte des Querschnittes vollkommen denen im Lobulus paracentralis gleichen.

Die nach dem Gyrus cinguli hin gelegene Hälfte des zur medialen Hirnoberfläche gehörenden Theiles der Windung hat einen mit der Rinde im Gyrus cinguli übereinstimmenden Bau.

Der *Gyrus frontalis medius* verhält sich in seinem zur lateralen Hirnoberfläche gehörenden Theil wie der Gyrus centralis anterior, ausgenommen, dass nach der Spitze der Windung zu eine 4. Schicht immer deutlicher hervortritt, zugleich nehmen die Zellen in der 3. Schicht und in der Ganglienzellenschicht etwas an Grösse zu und bekommen etwas gröbere Ausläufer. Blos im hinteren Umfang der Windung werden einige Riesenzellen angetroffen.

Der orbitale Theil der Windung verhält sich auf dieselbe Art, hier ist die 4. Schicht noch deutlicher und von kleinen Pyramidenzellen gebildet, die $2 - 3\,\mu \times 8\,\mu$ messen. Die Spindelzellenschicht ist hier etwas mächtiger und es findet sich eine deutliche 2. Schicht von $0{,}05 - 0{,}10$ mm Breite vor und gebildet aus $2 - 3\,\mu$ breiten Pyramidenzellen.

Der *Gyrus frontalis superior* hat eine normale Anordnung der Zellen, aber diese sind etwas kleiner als normal. Sie messen $12\,\mu \times 18\,\mu$ und kommen in einer Anzahl von 20 in $[0{,}1\text{ mm}]^3$ vor. Sie haben grosse Kerne und wenige feine Fortsätze, zugleich treten zwischen ihnen die oben beschriebenen runden und ovalen Elemente in grosser Menge auf.

Die Stützsubstanz zeigt in der ganzen Rinde nirgends irgendwelche augenscheinliche Veränderungen. Die Menge der Gefässe ist möglicherweise etwas grösser als normal in der vordern Hälfte des Lappens.

Das Mark ist überall durchsetzt von den weissen Blutkörperchen gleichenden runden Zellelementen von demselben Aussehen wie die oben beschriebenen in der Rinde. Hier und da finden sich in der Marksubstanz runde, $30-50\,\mu$ grosse Räume, gefüllt mit einer homogenen, stärker als die Glia brechenden Substanz, die sich oft mit Methylenblau färbt und dann ein feinkörniges Aussehen annimmt. Diese Räume scheinen mit den Lymphbahnen um die Gefässe herum zusammenzuhängen.

Eine Abweichung in dem Verhalten der Nervenfasern kann nicht nachgewiesen werden, nur ist die Associationsfaserschicht der ersten Schicht etwas schwächer als normal, besonders im obern Umfang und in dem zur medialen Hirnoberfläche gehörenden Theile des Gyrus centralis anterior.

Lobus parietalis. *Gyrus centralis posterior.* Diese Windung weicht von der Norm darin ab, dass blos im tiefsten Theile der Pyramidenzellenschicht, sowie theilweise in der Ganglienzellenschicht grössere ($16\,\mu \times 25\,\mu$ grosse) Zellen sich vorfinden, während die übrigen Zellen den oben beschriebenen unentwickelten Zellen im Frontallappen gleichen, sowohl an Form wie an Bau und Zahl, sie sind $8-10\,\mu$ breit und kommen in einer Anzahl von 35 in $[0{,}1\text{ mm}]^3$ vor.

An den Seitenflächen der Windung sind die Zellen grösser und deutlicher differenzirt als in der Mitte der Windung.

Der *Gyrus parietalis superior* verhält sich normal, ausgenommen dass die Anzahl der Zellen in sämmtlichen Schichten und die Grösse der Zellen etwas geringer als normal sind. Sie kommen in einer Anzahl von 5 in $[0{,}1\text{ mm}]^3$ vor in der Pyramidenzellenschicht, von 6 in der Ganglienzellenschicht und von 10 in der Spindelzellenschicht.

Der *Gyrus parietalis inferior* weicht in nichts weiter von der Norm ab, als dass die Anzahl der Zellen in sämmtlichen Schichten, sowie deren Grösse geringer als normal ist.

In der Rinde des ganzen Lappens finden sich die oben beschriebenen runden und ovalen Zellelemente mit einem Fortsatze, sowie die den weissen Blutkörperchen gleichenden Zellen, reichlich im Gyrus centralis posterior und spärlich im Gyrus parietalis inferior.

Das Mark ist reichlich durchsetzt von diesen letzteren Zellen, sowie näher an der Rinde von Spindelzellen, die denen in der Spindelzellenschicht gleichen. Die oben beschriebenen Höhlen mit hyalinem Inhalt finden sich spärlich hier und da im Marke. Die Zahl der Gefässe ist nicht merkbar vermehrt. Die Stützsubstanz weicht nicht von der Norm ab.

Lobus occipitalis. Der zur lateralen und untern Hirnoberfläche gehörende Theil der Rinde der Windung hat durchaus einen normalen Bau, mit der Ausnahme, dass die Anzahl der Zellen in den verschiedenen Schichten ungefähr die Hälfte der normalen beträgt, sowie dass die Grösse etwas geringer als normal ist. Die Zellen der Pyramidenzellenschicht kommen in einer Anzahl von 5 i $[0,1 \text{ mm}]^3$ vor.

Die zur medialen Hirnoberfläche und zur Spitze des Orbitallappens gehörende Rinde zeigt eine vollkommen normale Anordnung der zellenreichen und zellenarmen Schichten. Die in den letzteren vorkommenden grossen Pyramidenzellen sind an Anzahl sehr reducirt, so dass man auf langen Strecken keine einzige derselben sieht. Im Allgemeinen sind sämmtliche Zellen im Occipitallappen etwas kleiner als normal und haben grössere und deutlichere Kerne als entsprechende Normalpräparate. Ihre Anzahl ist ungefähr normal.

Die Stützsubstanz und die Gefässe zeigen nichts Abnormes.

Sowohl in der Rinde wie im Marke kommen die oben beschriebenen runden und ovalen Zellelemente vor, obwohl in geringerer Anzahl als im Frontallappen.

Auch hier finden sich die oben beschriebenen Höhlen mit hyalinem Inhalt.

Im Verhalten der Nervenfasern kann keine Veränderung nachgewiesen werden.

Lobus temporalis. Im *Gyrus temporalis superior, medius* und *inferior* besteht die oberste Hälfte der Pyramidenzellenschicht aus kleinen unentwickelten Zellen in einer Anzahl von 35 in $[0,1 \text{ mm}]^3$, während die tiefere Hälfte sammt der Ganglienzellenschicht sich normal verhält, ausser, dass die oben beschriebenen kleinen Zellelemente zwischen ihnen in ziemlich grosser Menge vorkommen. Je mehr man sich der Spitze des linken Temporallappens nähert, desto kleiner werden die Zellen und in der Mitte der Windung sind sämmtliche Pyramidenzellen gleich gross und nicht differenzirt in Pyramidenzellen- und Ganglienzellenschicht.

Auch hier kommen, sowohl in der Rinde wie im Marke, die runden Zellelemente vor, ungefähr in gleicher Anzahl wie im Occipitallappen.

Die Höhlen im Marke kommen sehr spärlich vor.

Die Anzahl der Nervenfasern zeigt keine augenscheinliche Verminderung.

Lobus falciformis. Im *Gyrus hippocampi* sind die Zellen an Grösse und Zahl reducirt.

Gyrus cinguli. Die Anordnung der Zellen ist die normale, Grösse und Menge sind etwas reducirt. Sie messen $14 - 16 \mu \times 20 - 25 \mu$ und kommen in einer Anzahl von 8 in $[0,1 \text{ mm}]^3$ vor. Wenige runde Zellelemente in Rinde und Mark. Gefässe und Stützsubstanz zeigen keine Abweichung.

Der **Lobus centralis** besteht aus 3 Schichten: einer oberflächlichen zellenfreien, einer Pyramidenzellenschicht mit unentwickelten ($8 \mu \times 10 \mu$ grossen) Zellen in einer Anzahl von 40 in $[0,1 \text{ mm}]^3$), sowie einer aus kleinen ($8 \mu \times 20 - 25 u$) Spindelzellen bestehenden Schicht. Die Dicke der Rinde ist normal. Ganz wenige runde Zellelemente in Rinde und Mark und keine Hohlräume im Mark.

Die Associationsfaserschicht der ersten Schicht ist schwächer als normal.

Im *Septum pellucidum* haben keine Nervenzellen entdeckt werden können.

Die **centralen Ganglien** zeigen nichts Abnormes.

Kleinhirn. Die Purkinje'schen Zellen sind in beiden Hemisphären an Anzahl etwas reducirt. Ihre Form, Grösse und Struktur sind normal. Die Zellen des Vermis zeigen keine Abweichung von der Norm.

Die runden Zellelemente kommen sowohl in der Rinde, wie im Marke vor, obwohl in geringerer Anzahl als im grossen Gehirn.

Die **Kerne** im **Pons** und in der **Medulla oblongata**, sowie die *Bahnen* zeigen nichts Abnormes.

Epikrise.

Die **klinischen Symptome** sind kurz folgende:

Auffassung langsam und träg, aber im Uebrigen correkt.

Urtheil unentwickelt.

Gedankenthätigkeit träg und beschränkt.

Pat. konnte nicht rechnen und nicht lesen,

Pat. *entwickelte sich* während des Aufenthaltes in der Anstalt und konnte zum Theil aus dem theoretischen Unterricht Nutzen ziehen.
Paralyse in den untern, *Parese* in den obern Extremitäten.

Die **pathologisch-anatomischen Veränderungen** sind in diesem Falle folgende:

Gehirn kleiner als normal.

Das vordere Drittel des Gyrus temporalis medius und internus fehlt.

Die *feineren Veränderungen der Hirnrinde* sind folgende:

Am meisten verändert ist die Rinde im obern Theile des *Gyrus centralis anterior* und in dem zur lateralen Hirnoberfläche gehörenden Theile des *Gyrus frontalis superior*, im vordern Theil des *Gyrus temporalis superior* und im *Lobus centralis*. Die Zellen, die hier eine unentwickelte Form haben, stimmen sowohl an Zahl, als Grösse und Struktur mit den Zellen im entsprechenden Rindengebiete bei einem normalen Individuum im ersten Lebensjahre überein. Riesenzellen fehlen ganz im obern Theile des Gyrus centralis anterior.

Im *Gyrus centralis posterior* und im hintern Theile des *G. temporalis superior* finden sich in tieferen Theile der Pyramidenzellenschicht und in der Ganglienzellenschicht grössere und mehr entwickelte Zellen.

In derselben Weise verhält sich der *Gyrus frontalis inferior*, doch sind hier sämmtliche Zellen etwas grösser und ihre Zahl ist geringer als im *Gyrus centralis anterior*, aber sie sind an Grösse geringer und ihre Zahl ist grösser als normal.

Die Rinde im *Gyrus parietalis superior* und *inferior*, sowie im *Lobus falciformis* und *occipitalis* weicht von dem Normalen in keiner anderen Beziehung ab, als darin, dass die Anzahl der Zellen bedeutend geringer als normal und ihre Grösse ebenfalls etwas geringer als normal ist.

Runde Zellelemente in Rinde und Mark.

Im Marke kommen Höhlen vor, die wahrscheinlich ausgedehnte Lymphräume sind.

Die Purkinje'schen Zellen im kleinen Gehirn sind an Anzahl geringer als normal.

Diagnose.

Da die psychischen Funktionen im Verhältniss zum Alter des Pat. unvollständig entwickelt waren und da während des Aufenthalts in der Anstalt eine wirkliche Besserung im psychischen Zustande des Pat. eintrat, muss der Fall zu der Gruppe der mässig und in geringem Grade Schwachsinnigen gerechnet werden.

Was die *feineren Veränderungen in der Hirnrinde* betrifft, können sie auch hier in der Hauptsache auf eine Entwicklungshemmung der Hirnrinde zurückgeführt werden.

Das am wenigsten entwickelte Gebiet steht auf einer Entwicklungsstufe, wie sie sich bei normalen Individuen im 1. Lebensjahre wiederfindet.

Ein anderes Gebiet hat eine etwas höhere Entwicklung erreicht, wie sie sich bei Normalen näher dem 2., als dem 10. Lebensjahre wiederfinden dürfte.

Die am meisten entwickelten Gebiete haben in Bezug auf Anordnung und Form der Zellen eine dem Alter entsprechende Entwickelung erreicht, aber Anzahl und Grösse der Zellen ist geringer als normal.

In diesem Falle dürfte also im ersten Lebensjahre ein Moment eingetroffen sein, das hemmend auf die normale Entwicklung der Rinde wirkte. Ein ziemlich grosser Abschnitt der Frontal-, Central- und Temporallappen ist hierdurch in seinem Wachsthum vollständig zum Stillstand gebracht worden, während andere Abschnitte ihre Entwickelung nur unvollständig fortzusetzen vermochten und auf verschiedenen Entwicklungsstufen zum Stillstand kamen, die blos theilweise mit den Entwicklungsstadien der normalen Rinde verglichen werden können.

So kann die Rinde in dem am meisten entwickelten Gebiete, das den grösseren Theil des Lobus parietalis, den ganzen L. occipitalis und falciformis umfasst, in Bezug auf die Grösse der Zellen mit der Rinde eines normalen 10 Jahre alten Individuum verglichen werden, aber in Bezug auf die Anzahl der Zellen findet sich keine Uebereinstimmung mit normaler Rinde in irgend einem Entwicklungsstadium.

Die hier vorfindliche Verminderung in der Anzahl der Zellen kann entweder auf einer Zerstörung fertig gebildeter Zellen beruhen, auf einer von Anfang an zu knappen Anlage, oder auch darauf, dass unter normalen Verhältnissen während der Entwicklung der Hirnrinde eine Neubildung von Zellen stattfindet, hier aber nicht zu Stande gekommen ist.

Gegen eine Zerstörung fertig gebildeter Zellen spricht die Abwesenheit jedes Zeichens von Atrophie oder Degeneration.

Gegen eine von Anfang an knappe Anlage kann der Umstand sprechen, dass die Anzahl der Zellen im Verhältniss zur Dicke der Rinde im Embryonalstadium und hier ungefähr dieselbe ist.

Diese Umstände im Verein mit dem Faktum, dass die Anzahl der Zellen im Verhältniss zur Dicke der Rinde beim Fötus geringer ist, als bei einem zehnjährigen Individuum, deuten darauf hin, dass eine unter normalen Verhältnissen vorhandene Neubildung von Zellen hier nicht zu Stande gekommen ist.

Ein ätiologisches Moment für die in diesem Falle vorhandene Entwicklungshemmung hat nicht nachgewiesen werden können.

Was die Bedeutung der runden Zellelemente, die Gefässvermehrung und die Verminderung der Nervenfasern in der ersten Schicht betrifft, sei auf das hingewiesen, was in den vorhergehenden Fällen darüber geäussert worden ist.

In welchem Zusammenhange die hier vorgefundenen Hohlräume im Marke, die mit Wahrscheinlichkeit ausgedehnte Lymphräume sind, zu dem pathologischen Processe stehen, muss unentschieden gelassen werden.

Die Verminderung der Zellen in den Kleinhirnhemisphären dürfte mit der in den Grosshirnhemisphären gleichbedeutend sein.

Stellen wir die *klinischen Symptome* mit den gefundenen *pathologischen Veränderungen zusammen*, so können die *Störungen der Motilität* dadurch erklärt werden, dass die Rinde im entsprechenden Theile der *motorischen Region* nicht mehr entwickelt ist, als bei einem normalen Individuum im ersten Lebensjahre, sowie dass die Riesenzellen im grösseren Theile dieser Region fehlen.

Als pathologisch-anatomische Unterlage für die *psychischen Defekte*, die hier nur mit Schwierigkeit auf eine Entwicklungshemmung zurückgeführt werden können, die einem gewissen Alter im normalen Zustande entspräche, haben wir gefunden 1) eine *Entwicklungshemmung* eines grossen Theiles der Hirnrinde in einem Stadium, das sich bei Normalen im *1. Lebensjahre* wiederfindet, 2) eine *Entwicklungshemmung* eines andern Gebietes, in einem Stadium, das sich bei Normalen zwischen dem *2.* und *10. Lebensjahre* findet, sowie 3) eine bedeutende *Verminderung der Anzahl der Nervenzellen* in den übrigen Theilen der Rinde.

Es ist also in diesem Falle nicht gelungen, sowohl die psychischen Defekte wie auch die Veränderungen im grössten Theile der Hirnrinde auf ein bestimmtes Entwicklungsstadium beim Normalen zurückzuführen.

Fall 8.

Frans Håkansson, 12 Jahre alt, gestorben am 9. Dec. 1889 an Miliartuberkulose.

Krankengeschichte.

Zwei Geschwister des Pat. sind »schwachsinnig». Ausserdem ist von Nerven- oder Geisteskrankheiten in der Verwandtschaft nichts bekannt.

Ob der Pat. eine Verletzung erlitten oder Krankheiten überstanden hat, ist unbekannt. Wann die ersten Zeichen der Idiotie bemerkt wurden, ist ungewiss. Er lernte gehen und sprechen im Alter von 3 Jahren.

Bei der Aufnahme im Idiotenheim war Pat. reizbar von Stimmung. Die Auffassung war träg und unvollständig. Er verstand zwar, was zu ihm gesagt wurde, konnte aber Aufträge, die ihm gegeben wurden, nicht ausrichten. Er konnte weder lesen, noch schreiben, auch nicht genügend sich selbst behelfen.

Während des Aufenthaltes in der Anstalt blieb allerdings eine gewisse Reizbarkeit der Stimmung, aber er wurde doch freundlicher mit seiner Umgebung. Die Auffassung wurde vollständiger und er gab Acht auf das, was sich um ihn herum zutrug. Er lernte sich selbst behelfen, kleine Aufträge ausrichten und zog Nutzen aus dem Unterrichte, der ihm gegeben wurde. Er nahm nicht an den Spielen der Kameraden Theil, sah ihnen aber gern zu. Einige Wochen vor dem Tode des Pat. fand sich sein Zustand folgendermaassen:

Psychische Funktionen. Stimmung reizbar. *Auffassung* träg, aber correkt. Urtheil unvollständig. *Gedankenthätigkeit* träg. *Gedächtniss* gut.

Seelenblindheit oder *Seelentaubheit* fand sich nicht. Er erkannte Gegenstände und Laute wieder, lenkte aber die Aufmerksamkeit nicht auf Melodien, die gesungen oder gespielt wurden.

Aphasie. Er verstand, was zu ihm gesagt wurde, verstand auf vorgelegte Fragen zu antworten, erinnerte sich an die Namen von Gegenständen oder Personen.

Er stammelte etwas.

Er konnte nicht lesen in Folge davon, dass sein Sehvermögen schwach war. Mündliche Erzählungen verstand er und konnte auf ihm vorgelegte, den Inhalt betreffende Fragen zufriedenstellende Antworten geben. Im Allgemeinen ersetzte sein gutes Gedächtniss das schlechte Sehvermögen.

Er lernte nicht schreiben.

Cranialnerven. I. Am *Geruch* des Pat. wurde keine Abnormität beobachtet.

II. In Bezug auf das *Sehen* wird angegeben, dass das Sehvermögen schwach war. Er hielt die Augen gewöhnlich geschlossen und schien starkes Licht nicht aushalten zu können. Eine bedeutendere Herabsetzung der Sehschärfe war jedoch nicht vorhanden, da Pat. durch das Gesicht Personen und Gegenstände erkennen konnte und sich im Zimmer frei bewegen konnte. Eine specielle Untersuchung der Augen wurde nicht vorgenommen.

III, IV, VI. In der *Stellung* oder in den *Bewegungen* der Augen konnte keine Abnormität wahrgenommen werden.

VIII. *Gehör* normal.

V, VII, IX, X. Nichts Abnormes.

XI, XII. Nichts Abnormes.

Sensibilität: nichts Abnormes beobachtet.

Motilität normal.

Trophische Störungen. Die eine Seite des Gesichts soll etwas kleiner gewesen sein, als die andere. (Wahrscheinlich eine Bildungsanomalie.)

Zuckungen traten bisweilen in den Muskeln des Gesichtes auf.

Sektion.

Ueber das Schädeldach und die Dura ist nichts bemerkt.

Makroskopische Untersuchung der Hirnhemisphären.

Grösse und Windungsreichthum des Gehirns sind normal.

Die Gyri sind kräftig und gut entwickelt, haben überall normalen Verlauf.

Die Fissura occipitalis interna schneidet an beiden Seiten in die Margo falcata ein und erstreckt sich ungefähr 1 cm weit auf der lateralen Hemisphären-Oberfläche.

Auf 1 cm dicken Querschnitten durch beide Hemisphären konnte nichts Abnormes entdeckt werden.

Centralganglien, Pons, Medulla oblongata und **Kleinhirn** erscheinen makroskopisch normal.

Mikroskopische Untersuchung der Hirnrinde.

Lobus frontalis. Der *Gyrus centralis anterior* zeigt überall eine normale Anordnung der Zellen, die auch normale Grösse und Struktur haben. Die Form der grossen Pyramidenzellen und der Riesenzellen ist etwas mehr langgestreckt, als man es bei normalen Individuen desselben Alters findet.

Die Menge sämmtlicher Zellen ist geringer als normal, besonders ist die Spindelzellenschicht ganz arm an Zellen. Die Riesenzellen sind relativ am reichlichsten vorhanden und die Zellengruppen kommen an den gewöhnlichen Stellen vor. Die Zellen kommen in der Pyramidenzellenschicht in einer Anzahl von 10 und in der Spindelzellenschicht von 5 in $[0{,}1\text{ mm}]^3$ vor.

Gyrus frontalis superior und *medius* zeigen normales Verhalten in Bezug auf Anordnung und Form der Zellen.

Die Anzahl sämmtlicher Zellen ist bedeutend geringer als normal. Sie messen in der 3. Schicht $12\,\mu \times 18\,\mu$ und ihre Anzahl ist 7 in $[0{,}1\text{ mm}]^3$.

In der Ganglienzellenschicht ist die Grösse der Zellen $14\,\mu \times 18\,\mu$ und ihre Anzahl ist 5 in $[0{,}1\text{ mm}]^3$.

Die Kerne sind grösser als gewöhnlich.

Der *Gyrus frontalis inferior* ist im hintern Theile des zur lateralen Oberfläche des Gehirns gehörenden Abschnitts der Windung relativ reicher an Zellen, stimmt aber im Uebrigen mit den andern Frontalwindungen überein.

In seinen sämmtlichen Windungen, weniger reichlich im Gyrus centralis anterior und im hintern Theile des Gyrus frontalis inferior, aber in bedeutender Menge in den übrigen Theilen des Lappens, kommen kleine runde Zellelemente vor, denjenigen gleichend, die in den vorhergehenden Fällen beschrieben worden sind.

Die Gefässe sind an Zahl vermehrt, am wenigsten im Gyrus centralis anterior, am meisten in der vordern Hälfte des Lappens. Die Stützsubstanz zeigt keine Abweichungen vom Normalen.

Die Anzahl der Nervenfasern in der Associationsfaserschicht der ersten Schicht erscheint etwas geringer als normal im vordern Theile des Lappens.

Lobus parietalis. In sämmtlichen Parietalwindungen haben die Zellen normale Anordnung. Was die Struktur der Zellen betrifft, sind die Kerne grösser als normal, und was die Grösse der Zellen betrifft, so findet sich neben einer geringeren Anzahl normal grosser Zellen auch eine grosse Menge kleinerer Zellen, die $8\,\mu \times 12\,\mu$ messen. Diese Zellen haben eine mehr abgerundete Form und feinere Fortsätze als normal.

Ueberall finden sich die oben beschriebenen kleinen runden Zellelemente. Die Associationsfaserschicht der ersten Schicht ist etwas schwächer als normal.

Die Stützsubstanz zeigt nichts Abnormes. Die Anzahl der Gefässe ist etwas vermehrt.

Lobus occipitalis. *Gyrus occipitalis superior.* Die Zellen in dem zur lateralen Hirnoberfläche gehörenden Theile der Windung sind kleiner als normal und nur die tiefsten Zellen in der Pyramidenzellenschicht und einzelne Zellen in der Ganglienzellenschicht haben normale Grösse. Diese normal grossen Zellen finden sich in einer Anzahl von 10 in $[0,1\text{ mm}]^3$.

Die kleinen Zellen haben eine birnenartige Form, grosse Kerne und feine Fortsätze. Ihre Anzahl ist 25 in $[0,1\text{ mm}]^3$.

Denselben Bau hat die Rinde im ganzen *Gyrus occipitalis inferior externus* und im grösseren Theile des *Gyrus occipitalis inferior internus.*

In dem zur medialen Hirnoberfläche gehörenden Theile der Windung und in dem nach der Fissura calcarina gerichteten Theile des Gyrus occipitalis inferior internus zeigt die Rinde eine normale Anordnung von zellenreichen und zellenarmen Schichten.

Die grossen Pyramidenzellen in den zellenarmen Schichten sind an Anzahl bedeutend geringer als normal. Die vorhandenen kleinen ($8\,\mu \times 10 - 12\,\mu$) Zellen weichen nicht von dem Normalen ab.

Die oben beschriebenen Zellelemente kommen in ziemlich reichlicher Menge vor, sowohl in der Rinde, als im Mark.

Die Stützsubstanz zeigt nichts von der Norm Abweichendes. Die Zahl der Gefässe ist etwas vermehrt.

Die Associationsfaserschicht der ersten Schicht ist etwas schwächer als normal.

Der **Lobus temporalis** zeigt in seiner vordern Hälfte keine andere Abweichung von dem Normalen, als dass die oben beschriebenen runden Zellelemente in ziemlich grosser Menge überall vorkommen, sowohl in der Rinde, als auch im Marke.

Die Anzahl der Zellen ist in der hintern Hälfte des Lappens geringer als normal (die Pyramidenzellen kommen in einer Anzahl von 8 in $[0,1\text{ mm}]^3$ vor) und hier ist auch die Anzahl der Gefässe vermehrt.

Die Associationsfaserschicht der ersten Schicht ist etwas schwächer als normal.

Lobus falciformis und **centralis** weichen nicht vom Normalen ab, ausgenommen, dass runde Zellelemente in reichlicher Menge sowohl in der Rinde wie im Marke vorkommen, sowie dass die Anzahl der Zellen etwas geringer als normal ist.

Die Veränderungen sind ungefähr gleich vertheilt in beiden Hirnhälften.

Die **Centralganglien** zeigen keine Abweichung vom Normalen.

Pons und **Medulla oblongata** bieten nichts Abnormes.

Das **kleine Gehirn** zeigt normale Verhältnisse, ausser dass die Purkinje'schen Zellen in beiden Hemisphären an Anzahl etwas geringer als normal sind.

Epikrise.

Die **klinischen Symptome** waren kurz folgende:

Auffassung träg. *Gedächtniss* gut. Uebrige *psychische Funktionen* im Verhältniss zum Alter des Pat. geringer entwickelt.

Pat. hatte weder lesen, noch schreiben gelernt.

Sehen schwach. Pat. entwickelte sich in psychischer Hinsicht während des Aufenthaltes in dem Idiotenheim.

Die **pathologisch-anatomischen Veränderungen** betreffen ausschliesslich den feineren Bau der Hirnrinde.

Am meisten abweichend von der Norm ist die Rinde im *Lobus parietalis*, sowie im lateralen und untern Theile des *L. occipitalis*, wo die meisten Zellenelemente Form, Grösse und Struktur der unentwickelten Zellen haben. Daneben finden sich einzelne Zellen von normaler Grösse und Form.

Die übrigen Rindengebiete weichen vom Normalen nur darin ab, dass die Anzahl der Zellen geringer als normal ist und dass hier, wie überall, in der Rinde kleine runde Zellelemente vorkommen, sowie dass an einigen Stellen die Zahl der Gefässe vermehrt ist.

Die Purkinje'schen Zellen in den Kleinhirnhemisphären sind an Anzahl etwas geringer als normal.

Diagnose.

Da die *psychischen Fähigkeiten* des Pat. im Verhältniss zu seinem Alter unvollständig entwickelt sind und da er den Unterricht im Idiotenheim mit Nutzen genossen hat, muss er unter die Gruppe der mässig und in geringem Grade Schwachsinnigen gerechnet werden.

Was die Veränderungen in der Hirnrinde betrifft, so können sie auch hier blos theilweise auf eine *Entwicklungshemmung* der Hirnrinde zurückgeführt werden. Das am meisten veränderte Gebiet entspricht einem Entwicklungsstadium, das sich unter normalen Verhältnissen im ersten Lebensjahre findet.

In Bezug auf den übrigen (grössten) Theil der Hirnrinde, der blos hinsichtlich der Anzahl der Zellen von dem Normalen abweicht, dürfte aus denselben Gründen wie im vorhergehenden Falle angenommen werden können, dass eine Neubildung von Zellen während der Entwicklung der Hirnrinde ausblieb.

In Bezug auf die Bedeutung der runden Zellelemente, der Verminderung der Anzahl der Zellen in den Kleinhirnhemisphären, sowie der Verminderung der Nervenfasern sei auf das verwiesen, was in den vorhergehenden Fällen angeführt ist.

Es ist anzunehmen, dass im ersten Lebensjahre ein Moment hinzugekommen ist, das die weitere Entwicklung eines geringeren Rindengebiets vollständig hemmte. In den übrigen Theilen der Rinde haben die bereits vorhandenen Zellen ihre Entwicklung fortsetzen können, aber eine Zellenneubildung, wie wir sie unter normalen Verhältnissen annehmen müssen, ist hier nicht zu Stande gekommen.

Wieweit es dasselbe Moment gewesen ist, das die beiden erwähnten Veränderungen in der Hirnrinde hervorgerufen hat, muss dahingestellt bleiben.

Stellen wir nun die *klinischen Symptome* mit den gefundenen *pathologischen Veränderungen* zusammen, so finden wir als pathologisch-anatomische Unterlage für die *psychischen Defekte* theils, dass die Rinde in grösseren Theilen der Parietal- und Occipitallappen sich in demselben *Entwicklungsstadium* befindet, wie bei normaler Entwicklung *im ersten Lebensjahre*, sowie, dass die Anzahl der Zellen in den übrigen Theilen bedeutend *geringer* ist als normal.

Eben so wenig wie in dem vorhergehenden Falle ist es also hier gelungen, sowohl die psychischen Defekte, als auch die Veränderungen im grösseren Theile der Hirnrinde auf ein gewisses Stadium in der normalen Entwicklung derselben zurückzuführen.

(Da die Art der in diesem Falle vorhandenen Sehstörung nicht genau bestimmt werden konnte, lässt sich auch nichts in Bezug auf die pathologisch-anatomische Grundlage dieses Symptoms feststellen.)

Fall 9.

Hilda J., 16 Jahre alt, gestorben am 3. October 1890.

Krankengeschichte.

Von Nervenkrankheiten in der Verwandtschaft der Pat. ist nichts bekannt.

Sie ist keinem Trauma ausgesetzt gewesen und hat keine Kinderkrankheiten durchgemacht.

Pat. lernte nie gehen, nur höchst unvollständig reden, lesen und schreiben, entwickelte sich aber in psychischer Hinsicht ziemlich gut.

Gemüthsstimmung gut und gleichmässig.

Auffassung ordentlich, aber etwas träg. *Gedächtniss* gut.

Die *Gedankenthätigkeit* etwas beschränkt, aber im Uebrigen normal.

Sie verstand, was man zu ihr sagte, und konnte sich theilweise verständlich machen, obwohl die Sprache mangelhaft und schwer zu verstehen war.

Sie konnte nicht schreiben, konnte aber einzelne einfachere Handarbeiten ausführen.

Die Cranialnerven normal.

Sensibilität normal.

Motilität. Beide unteren Extremitäten paretisch. Pat. konnte die Beine etwas rühren, aber beim Versuche gehen zu lernen, sie nicht vorwärts führen. Sie konnte nicht stehen. Die Beweglichkeit der Arme und des Rumpfes normal.

Choreatische Zuckungen in den Extremitäten.

Sektion.

Das Gehirn wiegt 1377 Gramm, die rechte Hemisphäre 603, die linke 612, Pons, Medulla oblongata und Kleinhirn 162.

Die Hemisphären messen in der Länge 17 cm.

Makroskopische Untersuchung der rechten Hemisphäre.

Lobus frontalis. Der *Gyrus centralis anterior*, der relativ schwach entwickelt ist, hat normalen Verlauf und normale Begrenzung.

Die *Frontalwindungen* sind sämmtlich kräftig entwickelt und haben normalen Verlauf.

Lobus parietalis. Der *Gyrus centralis posterior* hat ungefähr dieselbe Grösse wie der G. centralis anterior.

Der *Gyrus parietalis superior* ist kräftig und durch die Fissura occipitalis interna, die 3 cm tief in die laterale Hirnoberfläche einschneidet, vom Gyrus occipitalis superior getrennt.

Der *Gyrus parietalis inferior* ist besonders kräftig entwickelt.

Lobus occipitalis. Da die Fissura calcarina fehlt, kann der Lob. cuneus nicht vom Gyrus occipitalis inferior internus abgegrenzt werden.

Gyrus occipitalis inferior externus normal.

Der **Lobus temporalis** ist kräftig, mit starken, normal verlaufenden und normal begrenzten Windungen.

Der **Lobus falciformis** zeigt nichts Abnormes.

Lobus centralis gut entwickelt.

Die **linke Hemisphäre** verhält sich in der Hauptsache wie die rechte, nur ist der *Gyrus frontalis superior* kräftiger und die Fissura calcarina ist in dieser Hemisphäre vorhanden.

Corpus callosum und *Fornix* normal. *Ventrikel* nicht erweitert.

Centralganglien, Pons, Medulla oblongata und **Kleinhirn** zeigen makroskopisch nichts Abnormes.

Mikroskopische Untersuchung der Hirnrinde.

Lobus frontalis. *Gyrus centralis anterior.* In dem zur medialen Oberfläche gehörenden Theile und im obern Sechstel des zur lateralen Hirnoberfläche gehörenden Theiles der Windung ist die Anordnung der Zellen normal, aber die meisten sind klein, $8\mu \times 12\mu$ gross, von abgerundeter Form, mit grossen Kernen und wenigen feinen Fortsätzen. Riesenzellen fehlen ganz.

Nach den angrenzenden Rindengebieten hin nehmen die Zellen an Grösse zu, bekommen deutlichere Pyramidenform und gröbere Ausläufer.

Im übrigen Theile der Windung haben die Zellen normale Form und Grösse, aber ihre Anzahl ist entschieden geringer als normal.

Der *Gyrus frontalis superior* und *medius* verhalten sich durchaus normal, ausgenommen, dass die Zahl der Zellen geringer ist als bei normalen Individuen von gleichem Alter.

Der *Gyrus frontalis inferior* verhält sich in dem zur lateralen Hirnoberfläche gehörenden Theile wie der Gyrus centralis anterior, aber mehrere Zellen in der Tiefe der 3. Schicht und in der Ganglienzellenschicht sind grösser und haben eine deutlichere Pyramidenform, wenn sie auch nicht die dem Alter der Pat. entsprechende Grösse erreichen.

Der orbitale Theil der Windung verhält sich wie der Gyrus frontalis superior.

Hauptsächlich im Marke, aber auch in der Rinde, finden sich runde Zellelemente von demselben Charakter, wie in den vorhergehenden Fällen.

Die Stützsubstanz ist in den am meisten veränderten Gebieten etwas dichter, die Gefässe sind zahlreicher als normal. Hier ist auch die Associationsfaserschicht der ersten Schicht schwächer als normal.

Lobus parietalis. Der *Gyrus centralis posterior* hat in dem zur medialen Hirnoberfläche gehörenden Theile der Windung denselben Bau, wie der Gyrus centralis anterior.

Die übrigen Theile des Parietallappens verhalten sich normal, nur ist die Anzahl der Zellen etwas geringer als normal und hier und da kommen runde Zellelemente vor in der Rinde und noch reichlicher im Marke.

In derselben Weise verhalten sich die übrigen Theile der Hirnrinde.

Die Veränderungen sind ungefähr gleich ausgebreitet in beiden Hemisphären.

Die **Centralganglien**, die Kerne in **Pons** und **Medulla oblongata** verhalten sich normal.

In den **Kleinhirnhemisphären** sind die Purkinje'schen Zellen an Zahl geringer als normal.

Epikrise.

Die klinischen **Symptome** sind in Kürze folgende:

Psychische Funktionen etwas weniger entwickelt als bei normalen Individuen gleichen Alters.

Sprache unvollständig.

Pat. konnte nicht lesen und schreiben.

Parese in den untern Extremitäten.

Zuckungen in allen Extremitäten.

Die **pathologisch-anatomischen Veränderungen** beziehen sich, abgesehen von einigen, das Verhältniss der Windungen unter einander betreffenden Abweichungen, in der Hauptsache auf den feineren Bau der Hirnrinde.

Am meisten verändert ist die Rinde in dem zur medialen und im obern Sechstel des zur lateralen Hirnoberfläche gehörenden Theiles des

Gyrus centralis anterior, G. centralis posterior und im G. frontalis inferior, wo die meisten Zellen den Charakter unentwickelter Zellen haben.

Im übrigen Theile der Hirnrinde sind die Zellen normal, aber deren Anzahl ist geringer als normal.

Runde Zellelemente überall in Mark und Rinde. Die Purkinje'schen Zellen sind in beiden Hemisphären an Zahl geringer als normal.

Diagnose.

Da die psychischen Fähigkeiten der Pat. etwas weniger entwickelt sind, als bei normalen Individuen von gleichem Alter, und da der psychische Zustand während des Aufenthaltes in der Anstalt sich bedeutend besserte, so dass sie aus dem Unterricht Nutzen ziehen konnte, muss der Fall zur Gruppe der mässig und in geringem Grade Schwachsinnigen gerechnet werden.

Die in der Hirnrinde gefundenen Veränderungen sind blos theilweise auf eine Entwicklungshemmung zurückzuführen.

Die am meisten veränderten Gebiete (die meisten Zellen haben den Charakter unentwickelter Zellen, aber die Eintheilung in Schichten ist normal) stehen in einem Entwicklungsstadium, das bei normalen Individuen sich im ersten Lebensjahre wiederfindet.

Was die übrigen Gebiete betrifft, in denen nur die Anzahl der Zellen abnorm ist, so muss man aus denselben Gründen wie in dem vorhergehenden Falle, eine gehemmte Neubildung von Zellen während des Wachsthums der Rinde annehmen.

Stellen wir die *klinischen Symptome* mit den gefundenen *pathologisch-anatomischen* Veränderungen zusammen, so können die *Störungen der Motilität* und *Sprache* durch den unentwickelten Zustand der Rinde in den entsprechenden Regionen erklärt werden.

Als *pathologisch-anatomische Unterlage* zu den *psychischen Defekten* haben wir gefunden, theils dass die Rinde in einigen kleineren Gebieten sich in einem *Entwicklungsstadium* befindet, das unter normalen Verhältnissen sich im *ersten Lebensjahre* wiederfindet, theils dass in den übrigen Theilen der Hirnrinde die *Anzahl der Zellen bedeutend geringer ist als normal*.

Zusammenfassung.

Alle drei in dieser Gruppe vereinigten Fälle zeigen eine grosse Uebereinstimmung sowohl in Bezug auf die klinischen Symptome als auch in Bezug auf die pathologischen Veränderungen.

Sie können in folgender Weise charakterisirt werden. *Auffassung und Bewusstsein sind vorhanden, aber die psychischen Funktionen sind träger und etwas weniger entwickelt als bei normalen Individuen von gleichem Alter, jedoch ohne dass der Entwicklungsgrad in psychischer Hinsicht mit irgend einem bestimmten Entwicklungsstadium bei normalen Individuen gleichgestellt werden kann. Die Patienten sind bildungsfähig.*

Die Anzahl der Nervenzellen ist in dem grösseren Theile der Hirnrinde bedeutend geringer als normal, während die Rinde sich in einem geringeren Gebiete in einem Entwicklungsstadium befindet, das sich bei Normalen im ersten Lebensjahre wiederfindet.

Schlussbemerkungen.

Im Vorhergehenden ist ein Bericht über die Untersuchungen geliefert worden, die ich zu dem Zwecke unternommen habe, den Grund zu einem Material für die Aufstellung einer klinisch-pathologischen Eintheilung der Formen der Idiotie zu legen.

Das Resultat dieser Untersuchungen kann in Kürze in folgender Weise zusammengefasst werden:

In sämmtlichen dieser Bearbeitung zu Grunde gelegten Fällen, die alle Hauptgruppen der Idiotie repräsentiren, haben die psychischen Defekte mit einem Mangel an funktionstüchtigen Nervenzellen in der Hirnrinde in Zusammenhang gebracht und dadurch erklärt werden können, mag dieser Mangel dadurch zu Stande gekommen sein, dass der grössere Theil der Hirnrinde in einem Entwicklungsstadium stehen blieb, das dem Embryonalstadium oder dem früheren Kindesalter in ihrer normalen Entwicklung entspricht, in Folge davon, dass nur eine geringe Zahl Zellen eine höhere Entwicklung erreichte, oder auch dadurch, dass Zellen während des Wachsthums der Rinde zerstört wurden.

In sämmtlichen Fällen hat nachgewiesen werden können, dass die Rinde in einem gewissen Stadium in ihrer normalen Entwicklung gehemmt worden ist. In der Regel ist es allerdings nur ein kleineres

Gebiet, dessen Entwicklung vollständig zum Stillstand gelangte, aber die Rinde ist doch in ihrer Gesammtheit in der Weise beeinflusst worden, dass sie ihre Entwicklung nicht zu vollenden vermochte, sondern in einem abnorm zeitigen Stadium stehen blieb, oder auch so, dass eine Neubildung von Zellen (die wir aus den oben angeführten Gründen bei normaler Entwicklung annehmen müssen) während des Wachsthums der Rinde nicht zu Stande kam.

Je nach der Intensität des hemmenden Momentes, nach der Grösse und den Eigenschaften des Rindengebietes oder des Rindentheils, der in seiner Entwicklung zum Stillstand gebracht oder gehemmt wurde, und nach dem Zeitpunkt, zu welchem diese Hemmung eintrat, können die verschiedensten Veränderungen in der Hirnrinde entstehen und eben so verschieden können auch die auf diesen Veränderungen beruhenden psychischen Defekte sein.

1) *Wenn die Entwicklungshemmung im späteren Stadium des Fötallebens eintritt und der grössere Theil der Hirnrinde eine höhere Entwicklung nicht erreicht hat, als die Rinde in diesem Stadium unter normalen Verhältnissen, so fehlt bei den Patienten jede Spur von Bewusstsein. Psychische Entwicklung ist unmöglich. Hierher gehören die unter der Gruppe A. Blödsinnige, zusammengefassten Idioten.*

Je nachdem das hemmende Moment stärker auf das eine oder auf das andere Rindengebiet gewirkt hat, können Störungen von Seiten der Cranialnerven, der Motilität oder Sensibilität gleichzeitig vorkommen.

2) *Wenn das hemmende Moment die Hirnrinde während des Fötallebens oder im ersten Lebensjahre getroffen hat und der grössere Theil der Hirnrinde eine höhere Entwicklung nicht erreicht hat, als bei Normalen in einem der ersten Lebensjahre, so fehlen bei den Pat. zwar Auffassung und Bewusstsein nicht, aber ihre psychische Entwicklung steht in einem Stadium, das sich bei Normalen in einem der ersten Lebensjahre wiederfindet. Hierher gehören die unter Gruppe B. 1 zusammengefassten in hohem Grade Schwachsinnigen.*

Auch hier können, je nachdem das hemmende Moment das eine oder andere Gebiet der Hirnrinde stärker getroffen hat, Störungen von Seiten der Cranialnerven, Motilität oder Sensibilität auftreten.

3) *Wenn das hemmende Moment die Hirnrinde während des ersten Lebensjahres getroffen hat und nur ein kleines Gebiet in der Entwicklung vollständig zum Stillstand gebracht worden ist, während der grössere Theil der Hirnrinde sich nach allen Hinsichten entwickelt hat, ausser in Bezug auf die Anzahl der Zellen, die geringer bleibt als normal, dann werden die*

psychischen Funktionen des Pat. träge und weniger entwickelt als bei Normalen von gleichem Alter, ohne dass sein Entwicklungsstadium in psychischer Hinsicht mit Bestimmtheit mit einem der Stadien des normalen Kindesalters verglichen werden kann. Zu dieser Gruppe gehören: B. 2. die mässig Schwachsinnigen.

Auch hier können, wie in den vorhergehenden Gruppen, Störungen von Seiten der Cranialnerven, der Motilität und Sensibilität entstehen.

Da solche in das Einzelne gehende Untersuchungen der Hirnrinde bei Idioten nebst einem Zusammenhalten derselben mit im Detail bekannten klinischen Symptomen vorher nicht ausgeführt worden sind, kann eine Literaturzusammenstellung in den Plan dieser Arbeit nicht aufgenommen werden, zumal da vollständige und übersichtliche Zusammenstellungen aller in der Literatur veröffentlichten Fälle von Idiotie bereits vorhanden sind.

Ich glaube jedoch vor Abschluss der vorliegenden Arbeit eine kritische Untersuchung derjenigen in der Literatur sich findenden Angaben über die feineren Veränderungen in der Hirnrinde vornehmen zu müssen, die gegen meine Erfahrungen in Widerspruch stehen.

Eine Angabe, die bei Beschreibungen der Hirnrinde bei Idioten oft vorkommt, ist die, dass die pericellularen und perivascularen Räume erweitert sind, entweder in Folge einer Stase in den Lymphwegen oder einer Atrophie von Zellen.

Ohne näher auf diese viel umstrittene Frage einzugehen, will ich doch anführen, dass ich in keinem der hier publicirten neun Fälle derartige Veränderungen gesehen habe, die ich nicht auf Schrumpfungsprocesse in dem gehärteten Gehirn zurückführen könnte.

Vor Allem in solchen Präparaten, die in Müller'scher Flüssigkeit gehärtet und die in starken Spiritus eingelegt worden sind, treten solche Schrumpfungsprocesse auf, und zwar in Gehirnen von Normalen sowohl wie von Idioten.

Ebenso treten oft in mit Spiritus gehärteten Präparaten, die nicht vollständig mit Xylol durchtränkt worden sind, bei der Paraffineinbettung derartige Veränderungen auf.

Eine andere Angabe, die von einigen Autoren gemacht wird, ist die, dass die Pyramidenzellen in der Hirnrinde bei Idioten oft in fehlerhafter Weise angeordnet sein sollen, entweder so, dass die Spitzenfortsätze in der normalen diametral entgegengesetzter Richtung verlaufen oder auch in einer gegen diese mehr oder weniger rechtwinkligen Richtung.

Diese Angabe dürfte wenigstens in manchen Fällen auf einer fehlerhaften Beobachtung beruhen. Jeder, der Schnitte von der normalen Hirnrinde genauer studirt hat, hat die wechselndsten Bilder gesehen, jenachdem der Schnitt die Zellen getroffen hat, vor Allem in der Ganglienzellenschicht.

Es ist übrigens nichts Ungewöhnliches, in vollständig normaler Rinde Pyramidenzellen zu finden, deren längste Durchmesser horizontal verlaufen, während der Spitzenfortsatz sich gegen die Oberfläche umbiegt.

In einem Gebiete in der Hirnrinde, dem Gyrus frontalis inferior, sind übrigens die Zellen normal in Gruppen angeordnet, in denen sie so gegen einander geneigt stehen, dass ihre Spitzenfortsätze einander in verschiedenen Richtungen kreuzen.

Auch in einem andern Gebiete, dem Gyrus hippocampi, kommt normal eine derartige Anordnung der Zellen vor.

In keinem der von mir untersuchten Idiotengehirne ist eine solche Anordnung der Zellen mehr ausgeprägt gewesen, als man es bei Normalen findet.

Auffallend ist auch, dass nur in einem der neun von mir untersuchten Fälle eine Degeneration der Zellen vorgekommen ist, während in den meisten Fällen, die veröffentlicht worden sind, Angaben über Veränderungen der Zellen (Atrophie, Vacuolenbildung, Pigmentdegeneration) angeführt sind.

Sicher ist, dass unentwickelte Zellen in manchem Falle für atrophische gehalten worden sind, am meisten, wenn gleichzeitig durch eine unvorsichtige Härtung pericelluläre Räume entstanden sind.

Diese und ähnliche Veränderungen, die als charakteristisch für die Hirnrinde der Idioten angesehen worden sind, sind jedoch nur von untergeordneter Bedeutung. Wichtiger und für die psychischen Defekte bestimmend ist der Mangel an funktionstüchtigen Nervenzellen in der Hirnrinde.

Verzeichniss

der Autoren, die im Vorstehenden angeführt werden:

ARNDT. Arch. f. mikroskop. Anatomie 1867. III. 4. p. 441.; 1868. IV. 4. p. 407; 1869. V. 2. p. 317.
BAILLARGER. Annales méd.-psychol. 1855. I. 1—3.
    »   De l'idiotie. Gaz. des hôp. 1855.
    »   N:o 84. Canst. Jahresber. 1855. III. p. 8.
    »   Mém. de l'Acad. de Méd. 1880. VIII.
    »   Bull. de l'Acad. de Méd. 1856. Juillet.
    »   Gaz. hebdom. 1859 (Cit. Griesinger p. 366).
    »   Acad. de Méd. (Cit. Griesinger p. 360).
    »   Ann. méd.-psychol. 1882. VII. 1. p. 19.
    »   et GRATIOLET. Acad. de Méd. Mai 26. 1857 (Cit. Griesinger).
BERLIN, R. Beiträge zur Strukturlehre d. Grosshirnwindungen. Erlangen 1858.
BETZ. Centr.-Bl. f. d. med. Wissensch. 1881. N:r 11—13
    »   »   »   »   1874.   » 37. 38.
BOLL. Arch. f. Psych. 1873. IV. p. 1—38.
CLARKE, L. Philos. Transact. 1858. p. 231—259.
    »   » Proceedings of the Royal Society. London 1863.
    »   » Philos. Transact. 1868. p. 263—331.
CLASON. Om menniskohjernans vindlar och fåror. Upsala 1868.
DEITERS. Untersuchungen über Gehirn u. Rückenmark d. Menschen u. d. Säugethiere. Braunschweig 1865.
GERLACH. Centr.-Bl. f. d. med. Wissensch. 1872. X. 18.
GOLGI. Arch. ital. de Biol. 1883. Ref. Testut. 1891.
GOWERS. Diseases of the nervous system.
HOME. Philosoph. Transactions 1874.
JACUBOWITSCH. Mittheilungen über d. feineren Bau d. Gehirns und Rückenmarks. Breslau 1857.
    »   Recherches comparatives sur le système nerveux.
    »   Comptes rendus Août 1858.
KÖLLIKER. Mikroskopische Anatomie. Band II. 1850.
    »   Handbuch der Gewebelehre. Leipzig 1867.
KUPFFER, GUST. De cornu Ammonis textura. Dorpat 1859.

KÖSTER. Upsala läkareförenings förhandlingar. XXV. s. 118.
LEWIS, BEVAN. Med. Times and Gaz. 1876. March 4.
» » Brain. 1868. vol. I.
» » and CLARKE. Proceed. of the Royal Soc. 1878.
» » Philosoph. Transact. 1880.
MAJOR, H. C. West Riding Asylum Reports 1876. VI.
MEYNERT. Allg. Wiener med. Ztg. 1868. XIII.
 » Stricker's Handbuch. 1871.
MIERZEJEWSKI. Arch. de Psychol. 1875.
MONDINO. Cit. h. Testut 1891.
OBERSTEINER. Anleitung beim Studium des Baues der nervösen Centralorgane. Leipzig 1892.
PURKINJE. Bericht über d. Versamml. deutscher Naturforscher und Aerzte. Prag 1837.
SALA. Verhandlungen d. internat. med. Congresses. Berlin 1890.
 » Zeitschr. f. wissenschaftl. Zool. 1891. Band. LII.
SCHWALBE. Lehrbuch der Neurologie. Erlangen 1881.
SCHÄFER, E. A. Quain's Elements of Anatomy. London 1893.
SCHÜLE. Klinische Psychiatrie. Leipzig 1886.
SCHULTZE, M. Abhandl. d. naturwissensch. Gesellschaft in Halle 1862. Bd. VII.
STARK. Allgem. Zeitschr. f. Psychiatrie 1871. XXVIII. 2. p. 149.
TESTUT, L. Traité d'Anatomie humaine. Paris 1891.
VIGNAL. Mém. Acad.

Erklärung der Tafeln.

Die auf den Tafeln I—III angeführten Zahlen sind Mittelzahlen aus sämmtlichen Messungen von einem gewissen Gebiete in demjenigen Gehirne, aus dem der abgezeichnete Schnitt entnommen ist, während die im Texte angegebenen Maasse Mittelzahlen aus sämmtlichen Bestimmungen sind, die an demselben Gebiete in verschiedenen Gehirnen (bei Erwachsenen) ausgeführt worden sind.

Die Zeichnungen selbst sind genaue Abbildungen eines charakteristischen Schnittes aus demselben Gebiete und die Grösse der Zellen, sowie die Dicke der Schichten können auf der Zeichnung direkt abgelesen werden (die Scala ist $200/1$).

Diese Anordnung ist getroffen worden, um die Variationen zu zeigen, die innerhalb der Grenzen des Normalen gefunden werden können.

Die auf den Tafeln IV und V angeführten Zahlen gehören in der Regel zu dem abgezeichneten Schnitte. Die im Text vorkommenden entsprechenden Maasse sind Mittelwerthe sämmtlicher Messungen aus dem ganzen Gebiete, von dem der abgezeichnete Schnitt genommen ist.

Sämmtliche im Schnitt befindlichen Durchschnitte von Zellen sind abgezeichnet worden, aber bei der Bestimmung der Anzahl der Zellen sind blos diejenigen gerechnet worden, die einen Nucleolus haben oder wenigstens einen 20 μ langen Spitzenfortsatz (auf einem 20 μ dicken Querschnitt).

Zu Fall 1. (*Blödsinn*) gehören Tafel IV., Fig. 3, 4, 5; Tafel V. Fig. 6; Tafel VI. Fig. 1, 2, 4; Tafel VII. Fig. 6.

Zu Fall 2. (*Blödsinn*) gehören Tafel V. Fig. 8; Tafel VI. Fig. 3, 5; Tafel VII. Fig. 1, 3.

Zu Fall 3. (*Blödsinn*) gehört Tafel VII. Fig. 2.

Zu Fall 4. (*Blödsinn*) gehört Tafel V. Fig. 4.

Zu Fall 5. (*Schwachsinn in hohem Grade*) gehören Tafel V. Fig. 3, 7; Tafel VII. Fig. 4.

Zu Fall 6. (*Schwachsinn in hohem Grade*) gehört Tafel V. Fig. 2.

Zu Fall 7. (*Mässiger Schwachsinn*) gehören Tafel IV. Fig. 1, 2; Tafel V. Fig. 5; Tafel VII. Fig. 5.

Zu Fall 8. (*Mässiger Schwachsinn*) gehört Tafel V. Fig. 10.

TAF. I.

TAFEL I.

Querschnitte durch normale Hirnrinde von einem 28 Jahre alten Manne (Fall 4. S. 10). Die Schnitte sind mit Methylenblau gefärbt. Ihre Dicke = 20 μ. Scala $^{200}/_1$.

Fig. 1. Querschnitt durch die Rinde von den hintern 2 Dritteln des zur lateralen Hirnoberfläche gehörenden Theiles des *Gyrus frontalis superior*.

Die untere Grenze der 3. Schicht ist hier fast unmöglich zu bestimmen. Auf Serienschnitten von dieser Stelle aus nach vorn tritt jedoch deutlich eine 4. Schicht auf, entsprechend dem 0,30 mm breiten Gebiete, das hier oben als Stelle der 4. Schicht angegeben ist.

Fig. 2. Querschnitt durch die Rinde von dem obern Sechstel des *Gyrus centralis anterior*.

Die Grenze zwischen der 4. und der Ganglienzellenschicht ist auf dem Schnitt, von dem die Zeichnung entnommen ist, nicht markirt.

Fig. 3. Querschnitt durch die Rinde von dem hinter dem aufsteigenden Schenkel der Fissura Sylvii liegenden Theile des *Gyrus frontalis inferior*.

Fig. 4. Querschnitt durch die Rinde von dem vor dem aufsteigenden Schenkel der Fissura Sylvii liegenden Theile des *Gyrus frontalis inferior*.

Die 2. Schicht ist in dem Schnitte, von dem die Zeichnung entnommen ist, nicht von der 3. geschieden.

TAF. II.

TAFEL II.

Querschnitte durch normale Hirnrinde von einem 28-jährigen Manne. Die Schnitte sind mit Methylenblau gefärbt. Dicke 20 μ. Scala 200/1.

Fig. 1. Querschnitt durch die Rinde vom vordern Drittel des zur lateralen Hirnfläche gehörenden Theiles des *Gyrus frontalis superior*.

Fig. 2. Querschnitt durch die Rinde vom mittelsten Theile des *Gyrus temporalis superior*.

Fig. 3. Querschnitt durch die Rinde vom *Gyrus parietalis superior*.

Fig. 4. Querschnitt durch die Rinde von dem zur medialen Hirnoberfläche gehörenden Theile des *Gyrus occipitalis superior*.

Die einzeln stehenden grössern Pyramidenzellen in der zellenarmen Zwischenschicht sind in dem Schnitte, nach dem die Zeichnung gemacht ist, nicht so zahlreich, als in den übrigen Theilen dieses Gebietes.

TAF. III.

TAFEL III.

Querschnitte durch normale Hirnrinde von einem 28-jährigen Manne. Die Schnitte sind mit Methylenblau gefärbt. Ihre Dicke beträgt 20 μ. Scala 200/1.

Fig. 1. Querschnitt durch die Rinde vom *Lobus centralis*.

Fig. 2. Querschnitt durch die Rinde vom vorderen Theile des *Gyrus hippocampi*.

Fig. 3. Querschnitt durch die Rinde von der *Fascia dentata Tarini*. Von der ersten Schicht ist nur ein Theil auf der Zeichnung aufgenommen.

Fig. 4. Querschnitt durch die Rinde von der Mitte des *Gyrus hippocampi* am Uebergang zum *Cornu Ammonis*.

Fig. 5. Querschnitt durch die Rinde von der *Fascia cinerea*. Die erste Schicht ist nicht auf der Zeichnung aufgenommen.

Fig. 6. Riesenzelle aus dem *Gyrus centralis anterior*.

Fig. 7. Pyramidenzelle aus dem tieferen Theile der 3. Schicht im *Gyrus parietalis inferior*.

Fig. 8. Spindelzelle aus der 5. Schicht im *Gyrus parietalis superior*.

Fig. 9. Ganglienzelle aus dem unteren Theil der Ganglienzellenschicht im *Gyrus centralis superior*.

Fig. 10. Ganglienzelle aus dem lateralen Theile des *Gyrus occipitalis superior*.

Fig. 11. Pyramidenzelle aus dem mittelsten Theile der 3. Schicht im *Gyrus frontalis superior*.

Fig. 12. Pyramidenzelle aus dem oberflächlichen Theile der 3. Schicht im *Gyrus cinguli*.

Fig. 13. 15. 16. Pyramidenzellen aus der 2. Schicht in dem zur medialen Hirnoberfläche gehörenden Theile des *Gyrus frontalis superior*.

Fig. 14. Zelle aus der 3. Schicht in dem zur medialen Hirnoberfläche gehörenden Theile des *Gyrus occipitalis superior*.

Vergrösserung bei der Fig. 6—16: Zeiss' Obj. 4 mm apochrom. + Ocul. 8.

TAF. IV.

TAFEL IV.

Fig. 1. Fall 7. *Mässiger Schwachsinn.* Querschnitt durch die Rinde von dem zur medialen Oberfläche des *Gyrus centralis anterior* gehörenden Theile.

Fig. 2. Fall 7. *Mässiger Schwachsinn.* Querschnitt durch die Rinde vom *Gyrus parietalis inferior anterior.*

Fig. 3. Fall 1. *Blödsinn.* Querschnitt durch die Rinde von dem zur medialen Hirnoberfläche gehörenden Theil des *Gyrus centralis anterior.*

Fig. 4. Fall 1. *Blödsinn.* Querschnitt durch die Rinde vom vorderen Theil des *Gyrus hippocampi.*

Fig. 5. Fall 1. *Blödsinn.* Querschnitt durch die Rinde vom vorderen Theile des *Gyrus temporalis superior.*

TAF. V.

TAFEL V.

Fig. 1. Fall 2. *Blödsinn.* Querschnitt durch die Rinde von dem zur orbitalen Oberfläche gehörenden Theile des *Gyrus frontalis inferior.*

Fig. 2. Fall 6. *Schwachsinn in hohem Grade.* Querschnitt durch die Rinde vom mittelsten Theile des zur lateralen Hirnoberfläche gehörenden Theiles des *Gyrus centralis anterior.*

Fig. 3. Fall 5. *Schwachsinn in hohem Grade.* Querschnitt von dem zur medialen Hirnoberfläche gehörenden Theile des *Gyrus frontalis superior.*

Fig. 4. Fall 4. *Blödsinn.* Querschnitt durch die Rinde vom *Gyrus centralis posterior* (an der Grenze vom Gyrus centralis anterior).

Fig. 5. Fall 7. *Mässiger Schwachsinn.* Riesenzelle aus dem untern Theile des *Gyrus centralis anterior.*

Fig. 6. Fall 1. *Blödsinn.* Zelle aus der Ganglienzellenschicht im *Gyrus temporalis superior.*

Fig. 7. Fall 5. *Schwachsinn in hohem Grade.* Pyramidenzelle aus der 3. Schicht im *Gyrus frontalis anterior.*

Fig. 8. Fall 2. *Blödsinn.* Zelle aus der Pyramidenzellenschicht im *Gyrus frontalis inferior.*

Fig. 9. Fall 8. *Mässiger Schwachsinn.* Zelle aus der Spindelzellenschicht im *Gyrus parietalis superior.*

Fig. 10. Fall 8. *Mässiger Schwachsinn.* Zelle aus der 3. Schicht im medialen Theile des *Gyrus occipitalis superior.*

Vergrösserung bei Fig. 5—10: Zeiss' Obj. 4 mm apochrom. + Ocul. 8.

TAF. VI.

TAFEL VI.

Fig. 1. Fall 1. *Blödsinn*. Laterale Oberfläche der linken Hemisphäre

Fig. 2. Fall 1. *Blödsinn*. Mediale Oberfläche der linken Hemisphäre.

Vom Corpus callosum sieht man einen ovalen Durchschnitt an der Stelle für das Genu corporis callosi. Der mit Rinde bekleidete Wulst unter dem Gyrus cinguli stellt den freien Rand des Faserzugs vor, der vom Durchschnitt des Corpus callosum nach hinten zum Occipital- und Temporallappen läuft.

Unter diesem Wulst kommt ein membranartiges Gebilde, das mit seinem lateralen Rande im Sulcus chorioidei angeheftet ist. Dieses Gebilde geht nach vorn in die deutlich ausgebildeten Columnae fornicis über.

Fig. 3. Fall 2. *Blödsinn*. Mediale Oberfläche der rechten Hemisphäre.

Das Corpus callosum ist membranartig und das Splenium corporis callosi fehlt

Die Fläche zwischen dem Corpus callosum und dem Fornix ist das Septum pellucidum. Der 5. Ventrikel ist auf der Zeichnung auch angedeutet.

Die Fascia dentata Tarini sieht man vor der Spitze des Lobulus cuneus.

Fig. 4. Fall 1. *Blödsinn*. Encephalon von hinten und unten. Kleinhirn in hohem Grade verkleinert.

Fig. 5. Fall 2. *Blödsinn*. Hinterer Theil der linken Hemisphäre.

Die Rinde im Lobulus cuneus ist ungefaltet, die Fissura parietalis interna fehlt. Der hintere freie Rand des Corpus callosum ist sichtbar.

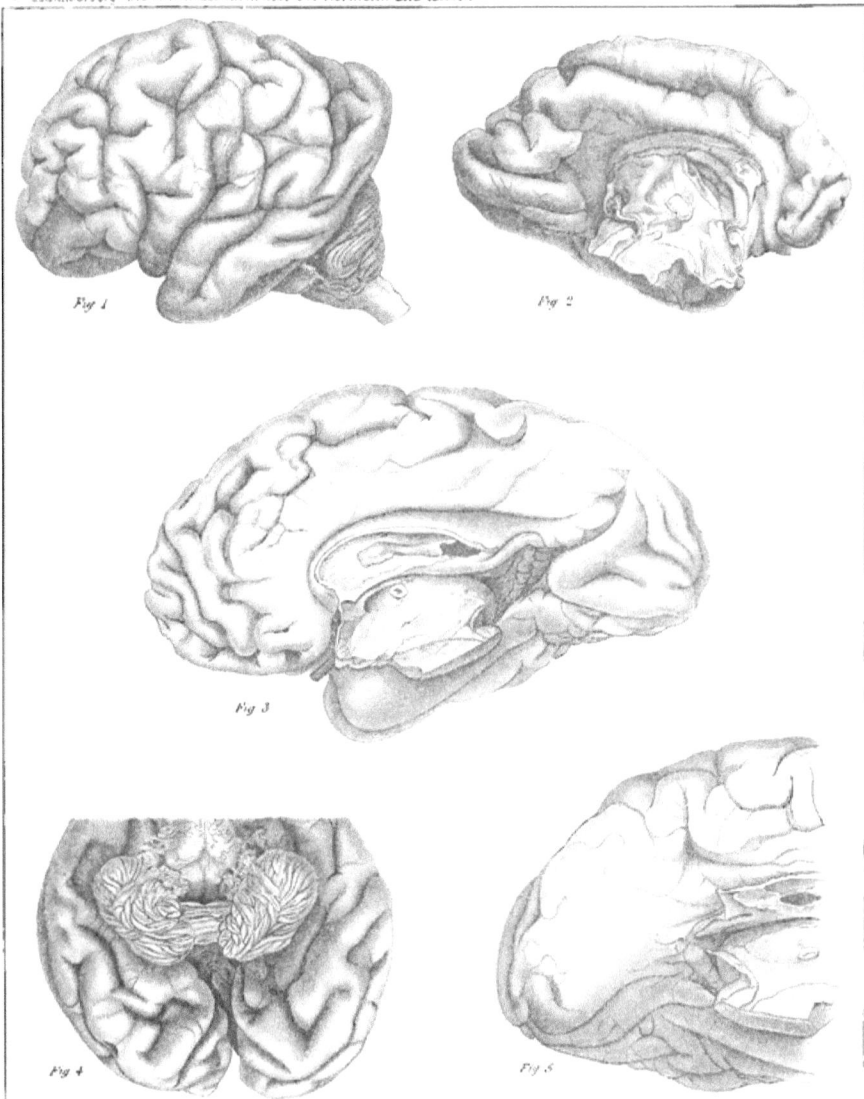

TAF. VII.

TAFEL VII.

Fig. 1. Fall 2. *Blödsinn*. Vorderer Theil der lateralen Oberfläche der rechten Hemisphäre.
Die zwei accessorischen Gyri, die die Rinde in der Insula vertreten, sieht man zwischen dem Gyrus frontalis inferior und dem Gyrus temporalis superior.

Fig. 2. Fall 3. *Blödsinn*. Hinterer Theil der lateralen Oberfläche der linken Hemisphäre. Der Occipitallappen ist schwach entwickelt.

Fig. 3. Fall 2. *Blödsinn*. Untere Fläche der rechten Hemisphäre, die Orbitalwindungen und die accessorischen Windungen, die die Rinde in der Insula vertreten, entspringen aus der Gegend der Substantia perforata antica und verlaufen von da aus radiär.

Fig. 4. Fall 5. *Schwachsinn in hohem Grade*. Orbitaloberfläche der rechten Hemisphäre. Der Gyrus olfactorius ist sehr kräftig entwickelt.

Fig. 5. Fall 7. *Mässiger Schwachsinn*. Vorderer Theil der untern Hirnoberfläche. Der vordere Theil der Temporalwindungen (ausser dem Gyrus temporalis superior) fehlt, weshalb der Amygdalus an seiner untern Fläche blosliegt.

Fig. 6. Fall 1. *Blödsinn*. Querschnitt durch den obern Theil der linken Hemisphäre. Der freie Rand der Fornixlamelle klebt an der ganzen oberen Fläche des Thalamus opticus, befestigt sich aber im Sulcus chorioideus.

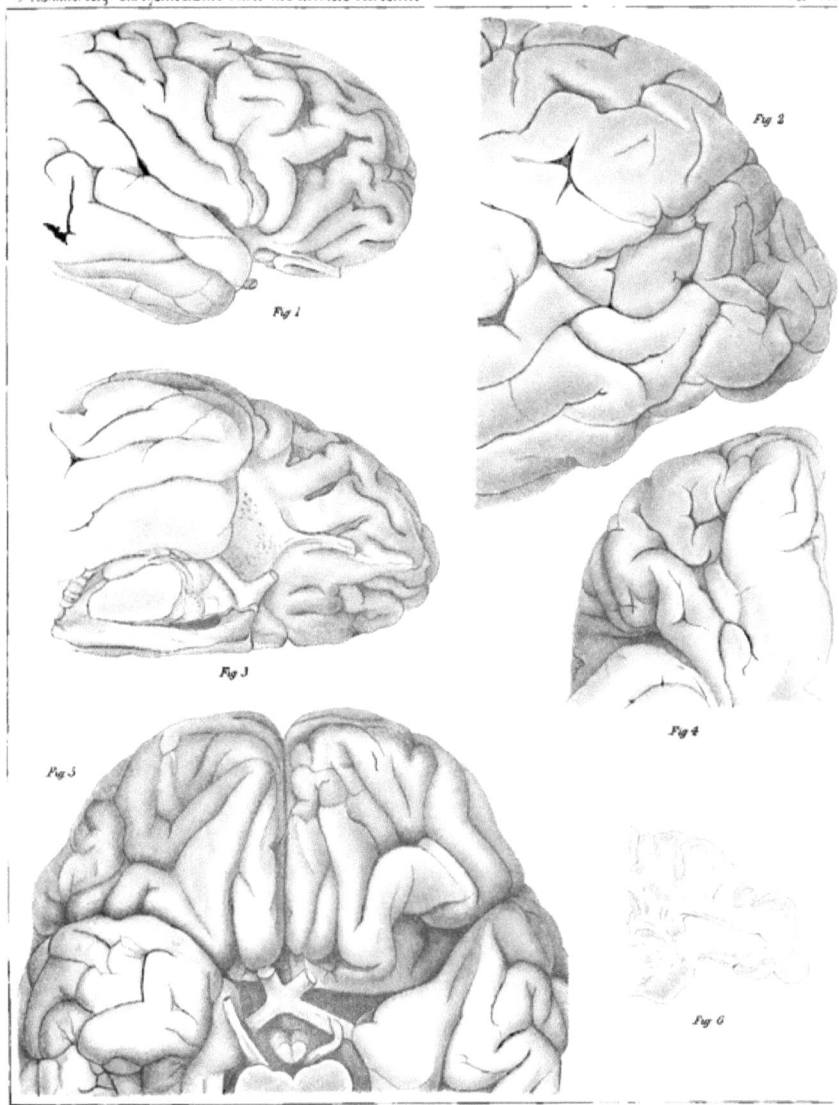

www.ingramcontent.com/pod-product-compliance
Lightning Source LLC
Chambersburg PA
CBHW030312170426
43202CB00009B/972